개정판 4차 산업혁명 시대
스마트공장 구축을 위한
LabVIEW 및 SCADA
프로그래밍

황우현 지음

光 文 閣
www.kwangmoonkag.co.kr

머리말

대통령직속으로 "4차 산업혁명위원회"가 출범이 되어 핵심기술 확보 및 기술혁신을 위한 구체적인 방안을 제시하고 실행하고 있다. 인공지능, 빅데이터, 초연결 기반의 지능화 혁명을 이루는 4차 산업혁명은 우리의 삶뿐만 아니라 대학에서 배워야 할 기술도 혁신적으로 변화되고 있다. 특히 스마트공장 및 자율자동차 TF, 스마트시티와 헬스케어 특위를 구성하여 4차 산업혁명에 대응하기 위한 계획을 수립하였다.

본 교재에서는 4차 산업혁명의 대응계획 중에서 산업현장에서 직접 다루어야 할 스마트공장을 구축하고 운영하기 위한 구체적인 기술을 LabVIEW와 SCADA 소프트웨어를 통해서 배우고 응용할 수 있는 능력을 향상하고자 한다.

먼저 LabVIEW의 기능을 이해하고 활용할 수 있는 기초 프로그래밍을 단계별로 진행하고, LabVIEW 프로그램으로 원하는 기능을 응용하여 개발할 수 실습 중심으로 교재를 구성한다. 다음으로 myRIO 하드웨어를 이용하여 실제적인 데이터를 읽어서 분석하고 활용할 수 있는 시스템을 구성하여 인터페이스 할 수 있도록 한다. LED 신호등, 푸시버튼 연동 LED, DIP-스위치 연동한 7-세그먼트, 모터의 정회전 및 역회전, 적외선 거리측정 등 실습을 진행할 수 있도록 한다. 또한, 실무에서 적용할 수 있는 압력제어 시스템을 구성하여 LabVIEW 프로그래밍을 진행하고, 네트워크와 공유변수를 이용하여 서버/클라이언트를 구성할 수 있는 세부적인 방법을 제시하고 있다.

스마트공장을 이해하고 구성할 수 있는 능력을 배양하기 위하여 제조공정에서 SCADA 시스템을 구축하여 활용할 수 있도록 실무사례를 만들 수 있도록 한다. 특히 PLC 등 하드웨어를 연결하여 실용적으로 구현하는 방안을 제시한다. 콜라제조공정, 신호등 제어, 스마트 휠체어, 스마트 비닐하우스(팜), 반도체 확산공정 및 검출공정, 빌딩관리, 발전소관리 등 실무사례를 구현하기 위한 내용으로 구성한다.

본 교재는 대학 교육과정 중에서 한 학기 동안 다룰 수 있는 내용으로 구성되었지만, 세부적인 구현 방안이나 설명이 부족하므로 서로가 유튜브에 동영상이나 카페에 자료를 공유하여 실무능력을 향상하는 데 도움이 되기를 기대한다.

2021. 8. 20 황우현

목차

5 / LabVIEW 프로그램 응용

6 / SCADA 구축 사례

7 / SCADA 구축 실무

8 / 산업용 SCADA 시스템 구축

스마트공장 구축을 위한
LabVIEW 및 SCADA 프로그래밍

스마트공장 및 PC 기반제어

▶ 스마트공장의 현황 및 방향을 파악한다.
▶ 스마트 제조산업의 현황 및 발전 방안을 파악한다.

1.1 4차 산업혁명

1) 대통령 직속 4차 산업혁명위원회

2017년 10월 11일에 대통령 직속으로 사람 중심의 '4차 산업혁명위원회'가 출범되어, 4차 산업혁명에 대한 종합적인 국가 전략, 4차 산업혁명 관련 각 부처별 실행 계획과 주요 정책, 4차 산업혁명의 근간이 되는 과학기술 발전 지원, 인공지능(AI ; Artificial Intelligence 혹은 Machine Intelligence)·ICT(Information & Communication Technology ; 단순하게 Information Technology) 등 핵심 기술 확보 및 기술 혁신형 연구개발 성과 창출 강화, 전산업의 지능화 추진을 통한 신산업·신서비스 육성에 관한 사항 등을 심의하고 조정하고 있다.[1]

4차 산업혁명이란? **인공지능**, **빅데이터**, 디지털 기술로 촉발되는 **초연결** 기반의 지능화 혁명이다. 과거의 범용 기술에 의해 3차례의 산업혁명을 경험

---

1) 대통령 직속 4차 산업혁명위원회 http : //4th-ir.go.kr/

하였고, 이제 AI, 빅데이터 등 지능 정보 기술로 촉발된 새로운 세상, 4차 산업혁명 시대를 만들어가고 있다.

- 범용 기술(GPT, General Purpose Technology)
- 산업·사회 대부분에 범용으로 영향을 미치는 기술(예: 증기기관, 전기, 컴퓨터, 인터넷 등)

이 위원회가 54개 회의를 통해 인공지능, 빅데이터, 초연결에 대한 대응 계획 및 핵심 아젠다를 확정하여 분야별 생태계 혁신으로 **스마트시티** 특위, **헬스케어** 특위, **스마트공장** TF, **자율자동차** TF의 네 개 분야로 4차 산업혁명 대응 계획을 수립하였다.

1.2 스마트공장 [2]

1) 스마트공장 정의

스마트공장이란? 제품을 기획·설계 → 생산 → 유통·판매 등 제조 과정의 전부 또는 일부에 IoT(Internet of Things), AI, 빅데이터와 같은 통신 기술을 적용하여 기업의 생산성, 품질 등을 향상시키는 지능형 공장을 말한다. 제조 전 과정(기획, 설계, 유통·판매 등)을 ICT로 통합하여 고객 맞춤형 스마트 제품을 생산하는 지능형 공장으로 인간과 기계가 유기적으로 연결한다. 제조 단계별 스마트공장의 모습은 다음과 같다.

① **기획·설계**: 가상공간에서 제품 성능을 제작 전에 시뮬레이션하여 제작 기간 단축 및 소비자 요구에 맞춤형 제품을 개발한다.

② **생산**: 설비-자재-관리 시스템 간 실시간 정보 교환으로 다품종 제품 생산 및 에너지·설비 효율을 높인다.

③ **유통 판매**: 생산 현황에 맞춘 실시간 자동 수주 및 발주로 재고비용이 획기적으로 감소하고 품질·물류 등 전 분야 협력이 가능하다.

스마트공장은 제품 개발부터 양산까지, 시장 수요 예측 및 모기업의 주문에서부터 완제품 출하까지의 모든 제조 관련 과정을 포함하며, 수직적으로는 현장 자동화, 제어 자동화, 응용 시스템의 영역을 모두 포함한다. 현장자동화 영역에서는 로봇, 생산설비들의 상태 및 가동 데이터를 제어 자동화 영역으로 전송한다. 제어 자동화 영역에서는 전송받은 데이터를 이용하여 설

---

2) 스마트제조혁신추진단, https://www.smart-factory.kr

비 및 가동 정보를 응용 시스템 영역으로 전송하고, PLC, HMI(Human Machine Interface), 컴퓨터 수치제어(CNC)를 이용하여 현장의 설비를 제어한다. 응용 시스템 영역에서는 설비를 최적으로 운영하고 주문/예측 정보와 생산 계획 및 생산 실적정보 등을 총괄한다. 이를 위해 클라우드 플래폼, 가상 물리 생산, 지능형기술(AI) 등과 신속하고 긴밀하고 정보를 주고받는다. 스마트공장을 활용하면 다음의 장점을 갖는다.

세부 단계	적용 전	적용 기술	적용 후
수요예측	시장조사에 수개월	빅데이터, AI	실시간 시장예측
제품설계	시제품 제작비용/기간이 오래걸림	VR/AR, 3D프린터	가상 시뮬레이션 제작비 절감, 기간 단축
제품생산	단일품종/대량생산, 설비 투자비용이 매우 큼	스마트센서, IoT	다품종 소량생산, 저렴한 설비 투자
생산관리	공정간 사람이 관리 및 통제	MES, EMS	통제자원 배분의 최적화
유통	수동적 재고/유통 관리	Cloud	수요예측 실시간 물류관리

2) 스마트공장 수준별 단계

스마트공장은 다양한 형태로 구현이 가능하며, ICT(정보통신 기술)의 활용 정도 및 역량에 따라 다섯 단계의 Level 1~5로 구분한다.

단 계	구 분	내 용
-	ICT 미적용	Excel 정도 활용, 시스템을 갖추고 있지 못한 상태
Level 1~2	기초 수준	생산실적 정보 자동 집계 • 자재 흐름 실시간 파악, Lot-tracking • 부분적 관리 시스템 운영(설계, 영업, 재고, 회계 등)
Level 3	중간 1 수준	설비 정보 자동 집계 • 실시간 공장 운영 모니터링, 품질분석 • 분야별 관리 시스템 간 부분적 연계

Level 4	중간 2 수준	관리 시스템을 통한 설비 자동 제어 • 실시간 생산 최적화 • 분야별 관리 시스템 간 실시간 연동(개발-생산-지원관리)
Level 5	고도화	설비, 자재, 시스템 유무선 네트워크로 연결 (IoT/CPS) • 스스로 판단하는 지능형 설비, 시스템을 통한 자율적 공장 운영

기초 수준에서는 기초적 ICT를 활용한 정보수집 및 이를 활용한 생산관리 구현한다. 중간 수준 1에서는 다양한 ICT를 활용한 설비 정보 자동 획득, 협력사와 고신뢰성 정보를 공유하여 기업 운영 자동화 지향한다. 중간 수준 2에서는 협력사와 공급 사슬 및 엔지니어링 정보 공유, 제어 자동화 기반 공정 운영 최적화 및 실시간 의사결정 진행한다. 고도화 단계에서는 사물/서비스/비즈니스/모듈 간 실시간 대화 체제 구축, 사이버 공간상에서 비즈니스를 실현한다.

3) 스마트공장 수준별 플랫폼

스마트공장을 구축하기 위한 수준별 및 각 영역별 구축 방안을 정리하면 다음 표와 같다.[3] 제조 과정의 전부 또는 일부에 IoT, AI, 빅데이터와 같은 4차 산업혁명 기술을 적용하여 생산성 및 품질 등을 향상시킬 수 있는 스마트공장이다.[4]

---

3) 대한상공회의소, 2014.
4) 큐빅테크, 2018.

수준	현장자동화(MES)	기업자원관리(ERP)	제품개발(PLM)	공급사슬관리(SCM)	기업구분(목표)	공장운영(SW)	설비자동화(HW)
고도화	IoT/IoS기반의 CPS 화			인터넷 공간 상의 비즈니스 CPS 네트워크 협업	국내·외 선도기업 (IoT·CPS기반 맞춤형 유연생산)	설비·시스템 스스로의 판단에 의한 자율생산	다기능 지능화 로봇과 시스템 간 유무선 통신
고도화	IoT/IoS 화	IoT/IoS (모듈)화 빅데이터 기반의 진단 및 운영	빅데이터/설계·개발 가상시뮬레이션/3D프린팅				
중간수준2	설비제어 자동화	공장운영 통합	기준정보/기술정보 생성 및 연결 자동화	다품종 개발 협업	대기업 (IT·SW기반 실시간 통합제어)	실시간 공장 자동 제어	PLC(제어기) 등을 통하여 시스템-설비 실시간 연동
중간수준1	설비 데이터 자동집계	기능 간 통합	기준정보/기술정보 개발 운영	다품종 생산 협업	선도 중소·중견기업(IT기반 생산관리)	실시간 생산 정보 수집·분석을 통한 생산·품질관리	센서 등을 활용한 설비 데이터 자동 집계
기초수준	실적집계 자동화	관리 기능, 중심 기능 개별 운용	CAD 사용 프로젝트 관리	단일 모기업 의존	대다수 중소기업 (일부 공정 정보화)	생산실적·이력·불량 관리	바코드·RFID등 활용 데이터 수집
ICT미적용	수작업 집계	설계 및 물류 모니터링과 관리 수작업		전화/이메일 협업			

- MES(Manufacturing Execution System)   ERP(Enterprise Resource Planning)
- PLM(product lifecycle management)   SCM(Supply Chain Management)

4) 스마트공장 관련 용어

　4차 산업혁명을 이루기 위한 스마트공장과 관련된 다양한 기술을 이해하기 위한 약어 또는 용어를 정리하면 다음과 같다.

- ICT(Information Communication Technology, 정보통신기술): IT-Communication 의미
- IoT(Internet of Things, 사물인터넷): 인터넷을 기반으로 모든 사물을 연결하여 사람과 사물, 사물과 사물 간의 정보를 소통하는 지능형 기술 및 서비스

- MES(Manufacturing Execution System, 제조 실행 시스템) : 제품의 주문을 받고난 후 제품이 완성될 때까지 생산의 최적화를 위한 정보를 제공, 생산 현장에서 발생하는 최신의 정보를 현장 실무자나 관리자에게 보고, 신속한 응답을 통해 생산 조건을 변화시키며 가치 없는 요소를 감소 시켜 줌으로써 생산 공정과 기능을 개선

- CPS(Cyber-Physical Systems, 사이버 물리 시스템) : 현실 세계의 다양한 물리, 화학 및 기계공학적 시스템을 컴퓨터와 네트워크를 통해 자율적, 지능적 제어

- PLC(Programmable Logic Controller) : 각종 센서로부터 신호를 받아 제어기에 신호를 보냄으로써 사람이 지정해둔 대로 로봇이 작동하도록 해주는 장치, 제어로직 프로그램을 실행할 수 있도록 고안된 시스템으로서 제어를 위한 입출력 장치를 포함

- PLM(Product Lifecycle Management, 제품 수명 주기관리) : 제품 설계도로부터 최종 제품 생산에 이르는 전체 과정을 일관적으로 관리하는 시스템으로서 제품 부가가치를 높이고 원가를 줄이는 것이 목적

- SCM(Supply Chain Management, 공급사슬관리) : 물건과 정보가 생산자로부터 도매업자, 소매상인, 소비자에게 이동하는 전 과정을 실시간으로 한눈에 볼 수 있으며, 이를 통해 제조업체는 고객이 원하는 제품을 적기에 공급하고 재고를 줄일 수 있음

- POP(Point Of Production) : 생산 시점 관리시스템, 공장의 생산 과정에서 기계, 설비, 작업자, 작업 등에서 시시각각 발생하는 생산 정보를 실시간으로 직접 수집, 처리하여 현장 관리자에게 제공하는 시스템

- ERP(Enterprise Resource Planning) : 기업 자원관리 재무/회계, 자재/구매, 품질, 생산, 설비 등을 유기적으로 연계하여 관리하는 시스템

- **FEMS**(Factory Energy Management System) : 조선, 자동차, 섬유, 석유화학 제품과 같은 제조업 등의 생산시설에서 사용하는 에너지를 최소화하기 위한 관리 시스템, 생산 활동 및 시설 유지에 사용되는 에너지를 모니터링, 분석, 원격 제어함으로써 에너지의 효율적 사용 도모
- **FMEA**(Failure Mode and Effect Analysis) : 고장 형태 영향 분석 방법론, 기계 부품 (시스템 요소)의 고장이 기계(시스템) 전체에 미치는 영향을 예측(결과 예지) 하는 해석 방법으로, 기계 부품 등의 기계 요소가 고장을 일으킨 경우에 기계 전체가 받는 영향을 규명하는 방법론

5) 스마트공장 기술적 구성 요소

스마트공장을 구축하기 위한 기술적 구성 요소는 다음의 그림과 같다.

- **제조 환경 애플리케이션** : 제조 실행에 직접적으로 관여하거나 현장 디바이스로부터 수집된 데이터를 분석하고 정해진 규칙에 따라 판단할 수 있는 시스템
- **네트워크 플랫폼** : 센서 디바이스, 설비 제어기기와 애플리케이션을 이어주는 역할로 효율적인 데이터 채널 제공
- **센서/제어기기** : 생산 환경 변화, 제품 및 재고 현황 등 제조·생산과 관련된 정보를 감시하고 애플리케이션에 전달하여 분석·판단 결과를 제조현장에 반영하여 수행

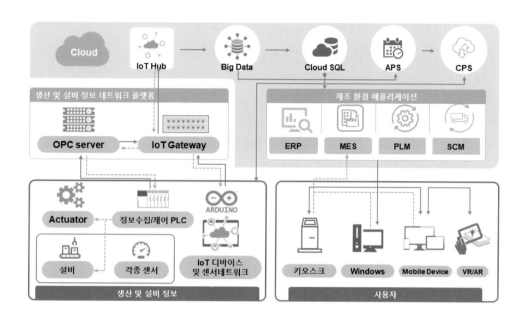

1.3 PC 기반제어와 SCADA

1) PC 기반제어

PC기반제어(PC-based Control)란, PC를 이용하여 다양한 디바이스들을 제어하는 것을 말하며, 1990년대 초반 GM에서 채택한 후에 수많은 공장에서 적용 중이다. 공장에서 사용하는 제어시스템은 1950년대부터 1970년대 중반까지 전기적인 접점의 연결을 통해 이루어졌고, 1990년대 중반까지는 PLC가 개발되어 사용되다가, 최근에는 PC기반제어를 도입하여 정착화되고 있다.

고전적인 PLC 시스템을 구성하면 각종 센서 및 구동기 등의 하드웨어와 프로그램이 가능한 PC 및 셀 제어 PC 등이 PLC를 통해 작업자 시스템에 연결된다. 이러한 PLC 중심의 제어시스템에서 PC에서 모니터링을 하면서 제어하는 PC기반의 제어시스템을 간략히 구성하여 원하는 성능을 얻을 수 있다.

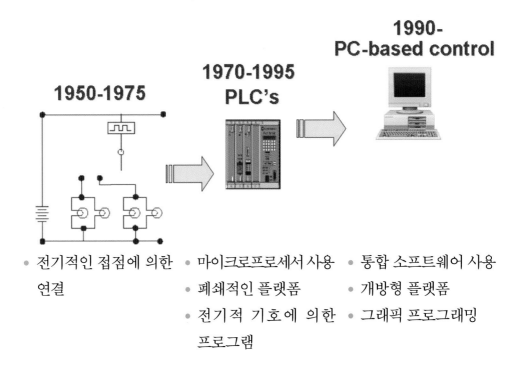

- 전기적인 접점에 의한 연결
- 마이크로프로세서 사용
- 폐쇄적인 플랫폼
- 전기적 기호에 의한 프로그램
- 통합 소프트웨어 사용
- 개방형 플랫폼
- 그래픽 프로그래밍

2) HMI와 MMII의 이해

컴퓨터, 기계, 장치, 시스템과 사람 간의 인터페이스하는 것을 MMI (Man Machine Interface)와 HMI (Human Machine Interface)라 하며 시각, 청각, 촉각 등의 모든 것을 포함한다. MMI란 작업자와 설비 간에 인터페이스를 쉽고 편하게 해주는 목적으로 발전된 개념이며, 이러한 MMI 기능에서 인간중심의 사고에서 '인격을 부여하였다'는 의미로 HMI라는 용어를 사용하고 있다. 사용소프트웨어 INTOUCH를 사용해 모니터링 화면을 구성한 사례는 다음과 같다.

MMI(Man Machine Interface)는 작업자와 설비간에 인터페이스를 쉽고 편하게 해주는 목적으로 발전된 개념이다. 기계, 장치, 시스템과 그것을 이용하는 사람 간의 인터페이스로 시각, 청각, 촉각적인 것을 모두 포함한다. 현장의 TOUCH PANEL이 대표적인 산업자동화의 MMI 이다. 이러한 MMI의 기능에서 상위로 데이터를 올려주는 기능을 포함하여 HMI로 발전하였다.

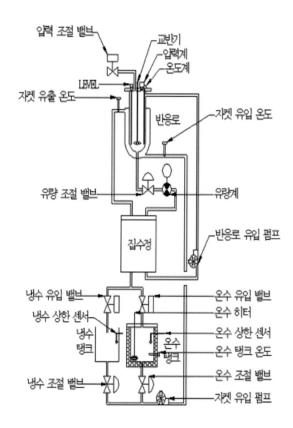

MMI(Man Machine Interface)는 작업자와 설비간에 인터페이스를 쉽고 편하게 해주는 목적으로 발전된 개념이다. 기계, 장치, 시스템과 그것을 이용하는 사람 간의 인터페이스로 시각, 청각, 촉각적인 것을 모두 포함한다. 현장의 TOUCH PANEL이 대표적인 산업자동화의 MMI 이다. 이러한 MMI의 기능에서 상위로 데이터를 올려주는 기능을 포함하여 HMI로 발전하였다.

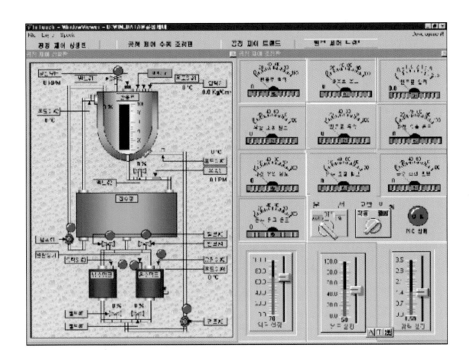

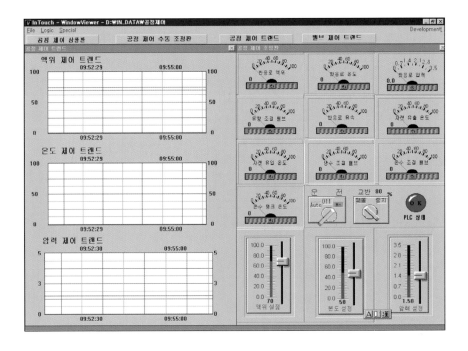

【표 1-1】 관련 S/W 및 주요업체

S/W 명	회사명	특 징
LabVIEW	한국내쇼날인스트루먼트(주)	모듈방식의 솔루션 제공
CIMON SCADA	(주)싸이몬	산업자동화 토탈 SCADA
SIMATIC WINCC	한국지멘스	TIA 포탈에 통합 SCADA
SCADA MC Works	한국미쓰비시전기오토메이션	풍부한 FA 연결 SCADA
FIX Web Server	인텔루션코리아(주)	인터넷 기반 정보시스템
FactorySuite2000	(주)한국원더웨어	FA 통합 솔루션 제공
RSView32	로크웰오토메이션코리아	유연성과 확장성 우수
AnyView32	삼성전자	간단한 범용 패키지
DataViews	한국인포네트(주)	표준에 맞춰 개발
GUS	한국하니웰(주)	다양한 정보를 제공
InControl	SoftLogic사	PC 기반제어용 패키지
ViewBase	대현테크	고기능 저렴한 가격 제품
AUTOBASE	(주)한솔테크	장비와 통신기능 우수
PCMS32	중앙소프트웨어(주)	안전성과 편리성 제공
Citect 5.3	씨아이코피아(주)	네트워크 적합한 패키지
COMPLICITY HMI	GE Fanuc Korea	클라이언트/서버구조 기초
VLC	Steeplechase Software사	PC 기반제어용 패키지
OpenControl	https://open-control.org	무료 오픈소스 자동제어

3) SCADA의 이해

　원격감시 제어시스템 또는 감시 제어데이터 수집장치를 SCADA(Supervisory Control and Data Acquisition)라고 하고, 정유 및 석유화학 플랜트, 제철공정 설비, 공장자동화 설비, 발전설비, 반도체 제조공정 등 다양한 분야에서 원격으로 감시하고 데이터를 수집하여 분석해서 중앙 제어를 수행할 수 있게 한다. 국내에서 대표적으로 개발하여 사용하고 있는 소프트웨어는 ㈜싸이몬의 SCADA이다. 이와 관련된 소프트웨어는 자동화 장비에 모두 적용될 만큼 적용분야가 매우 다양하다. 산업현장에서 제어, 감시, 데이터의 수집, 분석, 저장 등을 손쉽게 만들어 놓은 패키지들이다.

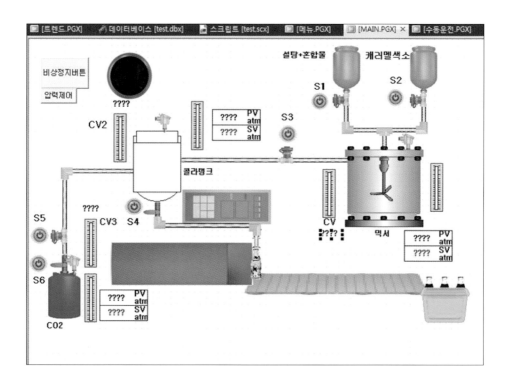

SCADA는 같은 곳에 있지않는 제어 장치를 원격으로 감시하고 제어하며 각종 데이터들을 수집하고 운영하는 시스템을 말한다. 발전소, 항만, 송배전 시설, 석유화학 플랜트, 제철 공정 시설, 공장자동화 시설 등 여러 산업현장의 원격지 시설 장치 등을 가장 상위에서 집중적으로 감시제어하는 시스템이다. 시스템의 모든 운전 상태를 감시제어 함으로서 설비 운영에 대한 신뢰성과 안정성을 확보하고, 실시간 데이터를 수집, 처리, 분석하여 합리적이고 과학적인 관리가 가능하다. 미국 표준연구소(ANSI) 및 전기전자기술자협회 (IEEE)의 권고안에 명시된 SCADA 기능은 아래와 같다.

- 원격 장치의 경보 상태를 감지하여 알람을 발생하는 경보기능
- 원격 외부 장치를 수동, 자동, 수·자동으로 감시 제어하는 감시제어기능
- 원격 장치의 상태 정보를 수신, 표시, 기록하는 지시(표시)기능
- 디지털 펄스 정보를 수신하여 표시, 기록하는 누산기능
- 미리 지정된 기능에 대한 동작을 체크할 수 있는 감시시스템기능

실시간으로 공정을 제어하는 시스템을 분산제어시스템(DCS, Distributed Control System) 이라 한다. DCS는 공정을 기반으로 하며 SCADA는 데이터 취합 기반의 시스템이다. DCS는 공정 주도 방식으로 동작하는 시스템이며 SCADA는 사건(이벤트) 주도 방식으로 동작하는 시스템이다. 특히 DCS는 하나의 현장에서 이루어지는 작업들을 처리하는 데에 주로 사용되고, SCADA는 지리적으로 넓게 분산되는 형태의 응용분야에서 선호한다.

1) 스마트 조립 검사 공정 개요

 스마트공장을 이해하고 현장에서 사용하고 있는 스마트공장을 간략화하여 간단한 조립과정 및 검사과정을 아래와 같이 구성된다.

- 3구/4구 단자대(커버 없는 타입) 나사 조립하는 공정
- MES 작업지시 후 작업자가 터치패널을 통해 작업 진행
- 비전센서를 이용하여 수입 검사(3구/4구 홀 가공 양불 판별)
- 3구/4구 나사조립 완료 시 이동 명령
- 조립 완료 후 출하 공정에서 비전센서를 이용하여 출고 검사
- 출고 후 작업자가 저장창고에 적재

 스마트 조립 및 검사 공정에 대한 시스템은 다음 그림과 같다.

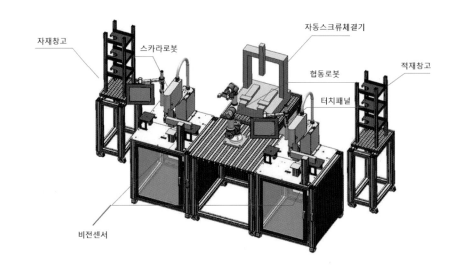

스마트 조립과정 및 검사과정에 대한 시스템 구성도는 다음과 같다.

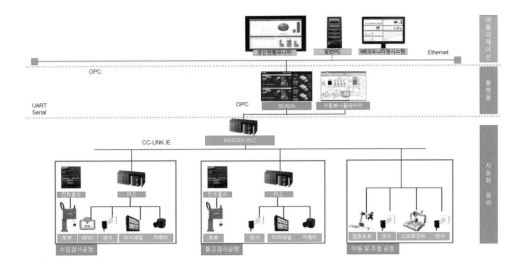

스마트 조립 및 검사 공정에 대한 작업 순서는 다음과 같다.

① 소재창고 작업

- 소재창고에는 노란색 부품 박스(LOT#1)에 3개가 적재
- LOT#1 에는 단자대가 4개씩 적재

② 검사공정 #1

- 학생이 소재창고에서 가져온 LOT#1 의 RFID를 리더기에 읽힌다.
- 작업대에 LOT#1 를 올려 놓는다.

③ 스카라로봇 작업

- 수입검사공정에 있는 터치패널에서 검사 시작 버튼을 학생이 누름

- 검사 시작 신호가 오면 P1위치로 이동

- P1의 LOT#1 에 적재된 단자대를 픽업하여 P2 비전센서로 이송

- 검사 불량일 경우 P3에 분류

- 양품일 경우 P4로 이송하고 완료되면 P1위치로 이동

④ UR (Universal Robot)

- P4위치에 단자대가 도착하면 픽업하여 P5위치로 이동

- P5에 있는 센서가 감지 되면 자동스크류 조립 작업 진행

- P5에 있는 조립된 단자대를 UR로봇이 픽업하여 P7위치로 이동

- P5 위치에 조립이 진행 중일 경우 P6로 UR로봇이 단자대를 이송

⑤ 검사공정 #2

- P7에 조립이 완료된 단자대가 오면 터치패널에 검사 시작 버튼을 학생이 누름

⑥ 스카라로봇 작업

- 검사 시작 신호가 오면 P7위치로 이동

- P7에 있는 단자대를 P8 비전센서로 이동

- 검사 불량일 경우 P9로 이동

- 양품일 경우 P10으로 이동

⑦ 적재창고 작업

- P10에 검사가 완료된 단자대를 녹색 완제품 박스(LOT#2)에 학생이 적재

- LOT#2에 4개 단자대를 적재 완료 되면 학생이 적재 창고에 적재

02

스마트공장 구축을 위한
LabVIEW 및 SCADA 프로그래밍

LabVIEW
프로그래밍

▶ LabVIEW의 기능을 이해 하고 활용할 수 있다.

▶ LabVIEW 프로그램으로 원하는 기능을 활용하여 작성할 수 있다.

2.1 LabVIEW 구성 및 예제 탐색기

1) LabVIEW 특징

LabVIEW는 NI(National Instrument Co.)의 그래픽 언어(Graphic language)로, PC를 이용한 제어 및 모니터링을 할 수 있는 자동화시스템을 구축할 수 있는 매우 유용한 HMI 패키지이며, LabVIEW의 간략한 특징을 정리하면 다음과 같다.

- 그래픽 프로그래밍 및 데이터 순서도 프로그래밍 언어
- 텍스트 기반의 언어들에 비해 10배 이상 빠른 프로젝트 완성
- PC기반의 자동제어 및 계측을 위한 최적화된 그래픽 프로그래밍 언어
- 도구들과 객체들을 이용하여 사용자 인터페이스를 구축(Front Panel)
- 함수들의 그래픽 표현들을 사용하여 프런트패널의 객체를 제어(Block Diagram)
- GPIB, VXI, PXI, RS-232C, RS-485와 내장형 DAQ 장치와 통신 가능
- TCP/IP와 ActiveX와 같은 표준 소프트웨어와 LabVIEW 웹서버를 사용하여 웹과 응용 프로그램의 연결이 가능

- 시험과 측정, 데이터 수집, 계기 제어, 데이터 로그인, 측정치 분석, 보고서 생성과 같은 응용 프로그램의 제작이 가능
- 실행 프로그램과 DLL과 같은 라이브러리 제작이 가능

2) LabVIEW로 가상 계측 구성

가상계측(VI；Virtual Instruments)은 NI가 추구하는 방향이고, LabVIEW 프로그램의 확장자로 vi를 사용한다. 프런트패널, 블록다이어그램, Icon/Connector 패널의 3가지 요소로 구성된다. 프런트패널에서 각 아이콘들은 다음과 같이 Controls와 Indicators의 특성을 갖도록 구성한다.
- Control : 대화식(interactive)의 입력(input) 예) Knob, push button, dial 등
- Indicator : 대화식(interactive)의 출력(output) 예) Graph, LED, 기타 표시 장치 등

블록다이어그램에서는 세부적인 블록들을 구성하는 내용은 다음과 같다.
- Front Panel을 만든 후 Front Panel에 있는 객체들을 제어하는 코드를 작성
- Front Panel의 객체들은 Block Diagram에서는 터미널로 표시됨
- 터미널들은 삭제할 수 없음. SubVI, 함수, 상수, 구조체, 연결선 등으로 작성

3) LabVIEW 예제 활용

LabVIEW 예제 탐색기를 이용하여 [로봇공학/컨트롤 및 시뮬레이션]에서 Pendubot.vi를 찾아 실행하면 다음과 같은 프런트패널과 블록다이어그램을 활용할 수 있다.[1]

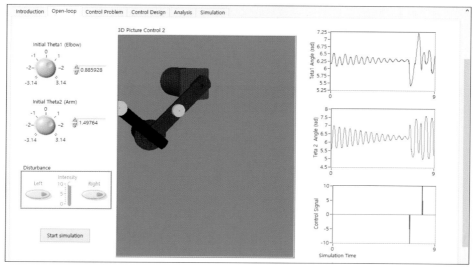

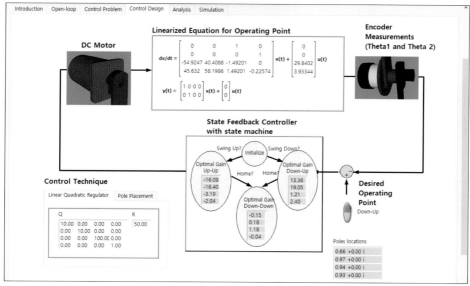

---

1) NI LabVIEW 예제탐색기

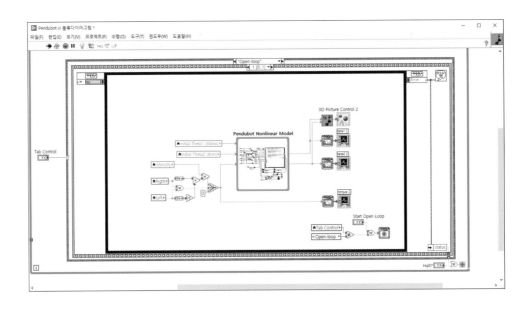

　이 외에도 다양한 예제를 NI 예제 탐색기에서 찾아서 활용할 수 있다. 분석, 신호처리, 수학, 사용자 인터페이스 만들기, 외부 어플리케이션과 통신하기, 컨트롤 및 시뮬레이션, 어플리케이션 배포 및 문서화 하기, 하드웨어 입력과 출력, 산업 어플리케이션, 네트워킹, 데이터 인쇄 및 출판하기, 로봇공학, 터치패널 등

2.2 온도 변환 및 표준편차 계산

1) 두수의 연산 프로그램

프런트패널에 입력된 두 수(a, b)에 대한 더하기 (a + b)와 빼기 (a − b)를 계산하여 결과를 출력하는 LabVIEW 프로그램을 작성하라.

① LabVIEW 프런트 패널

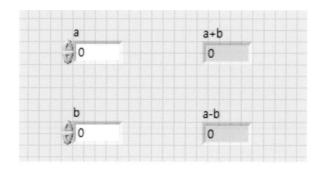

② LabVIEW 블록 다이어그램

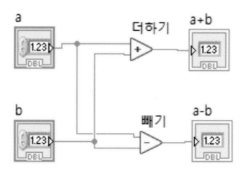

실습문제 2-1　사칙연산 프로그램

프런트패널에 입력된 두 수(a, b)에 대한 사칙연산을 계산하여 각각의 결과를 출력하는 LabVIEW 프로그램을 작성하라.

2) 섭씨온도 변환 프로그램

프런트패널에서 입력된 섭씨온도를 화씨온도로 변환하는 프로그램을 작성하라. 섭씨온도는 프런트패널에 숫자형 컨트롤에서 입력하게 하고, 화씨온도는 프런트패널에 숫자형 인디케이터 및 온도계로 각각 표시하게 한다.

LabVIEW 프로그램에서 연속 실행을 선택하면 프런트패널에 있는 'degC'라는 숫자형 컨트롤에서 바꿀 온도를 입력하고, 입력된 섭씨온도가 블록다이그램에 의해 화씨온도로 바뀐다. 변환된 화씨온도가 프런트패널에 'degF'라는 숫자형 인디케이터 및 'ThertometerF'라는 온도계로 표시하고, 원하는 섭씨온도를 계속 입력한다.

섭씨와 화씨는 100 : 180 = t : (F−32)이고, 화씨온도는 F = $\dfrac{180}{100}$ t + 32 = 9/5 t + 32이다.

① LabVIEW 프런트 패널

② LabVIEW 블록 다이어그램

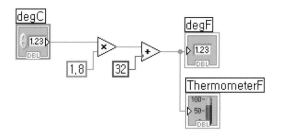

블록다이어그램에서 **함수팔레트≫프로그래밍≫숫자형**에서 '곱하기'함수를 입력하고, 'degC'의 출력을 곱하기 함수의 'x'에 연결한다.

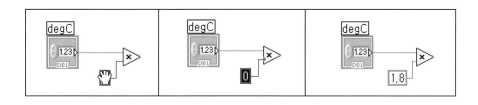

- **함수팔레트≫프로그래밍≫숫자형**에서 '숫자상수'를 그림처럼 입력하고 '0'을 '1.8'로 바꾼다.

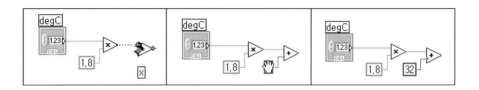

- **함수팔레트≫프로그래밍≫숫자형**에서 '더하기'함수를 입력해서 그림처럼 '곱하기'의 출력(x*y)을 '더하기'의 입력(x)에 연결한다.

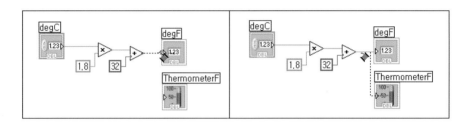

- 위와 마찬가지로 '숫사 상수'를 입력하여 그 상수를 '32'로 바꿔 준다.
- '더하기'의 출력(x+y)을 숫자형 인디케이터(degF) 및 온도계(ThermometerF)로 선을 연결하도록 한다.

실습문제 2-2   화씨를 섭씨 온도로 변환하는 프로그램

(1) 문제 설명

프런트패널에서 입력된 화씨온도를 섭씨로 바꿔 주는 프로그램을 작성하라. 화씨온도는 프런트패널에 숫자형 컨트롤에서 입력하게 하고, 섭씨온도는 프런트패널에 숫자형 인디케이터 및 온도계로 각각 표시하게 한다.

섭씨와 화씨는 100 : 180 = t : (F−32)이므로, 섭씨온도는 t = $\dfrac{100}{180}$(F−32)이다.

(2) 동작 순서

LabVIEW 프로그램에서 연속 실행을 선택하고, 프런트패널에 있는 'degF'라는 숫자형 컨트롤에서 바꿀 온도를 입력한다. 입력된 화씨온도가 블록다이그램에 의해 섭씨온도로 바뀐다. 변환된 섭씨온도가 프런트패널에 'degC'라는 숫자형 인디케이터 및 'ThertometerC'라는 온도계로 표시한다. 원하는 화씨온도를 계속 입력한다.

(3) LabVIEW 프로그램

① 프런트 패널

② 블록 다이어그램

3) 기울기 계산 프로그램

프런트패널에서 입력된 두점의 기울기를 구하는 프로그램이다. 점의 입력은 프런트패널에 'x1', 'y1', 'x2' 및 'y2'라는 숫자형 컨트롤에 의하여 한다. 계산된 기울기는 프런트패널에 'slope'라는 숫자형 인디케이터로 표시하게 한다.

두점의 기울기는 $slope = \dfrac{y_1 - y_2}{x_1 - x_2}$의 계산식으로 얻을 수 있다. 블록다이어그램에서 먼저 프런트패널에 있는 y1 및 y2라는 숫자형 컨트롤들을 '빼기'함수로 연결해 $y_1 - y_2$를 만든다. x1및 x3 숫자형 컨트롤들도 '빼기'함수로 연결하여 $x_1 - x_2$를 만든다. 숫자형 y1이 y2를 빼는 결과 및 x1이 x2를 빼는 결과를 '나누기'함수 연결하여 $y_1 - y_2$를 $x_1 - x_2$로 나누는 것을 만든다.

① LabVIEW 프런트 패널

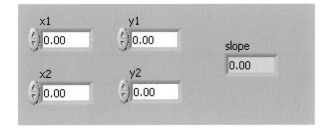

② LabVIEW 블록 다이어그램

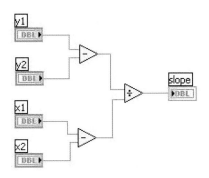

4) 표준편차 프로그램

프런트패널에서 4개의 숫자를 입력하여 블록다이그램에 의하여 평균 및 표준편차를 구하는 프로그램이다. 평균 및 표준편차를 구할 숫자들을 프런트패널에서 'Numeric1', 'Numeric2', 'Numeric3' 및 'Numeric4'라는 숫자형 컨트롤에 의하여 입력하게 한다. 계산된 평균은 프런트패널에 'AVG'라는 숫자형 인디케이터로 표시하게 한다. 표준편차는 프런트패널에 'STD'라는 숫자형 인디케이터로 표시하게 한다.

① LabVIEW 프런트 패널

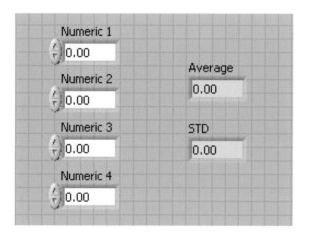

② LabVIEW 블록 다이어그램

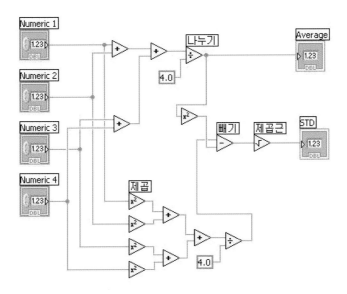

표준편차(Standard Deviation)는 아래의 식으로 구할 수 있다.

$$STD = \sqrt{\dfrac{\sum_{i=1}^{n}\left\{(x_i - \overline{x})^2\right\}}{n}}$$

위의 식을 간편화하면

$$STD = \sqrt{(x_1 - \overline{x})^2 + (x_2 - \overline{x})^2 + (x_3 - \overline{x})^2 + (x_4 - \overline{x})^2/4}$$

위에 간편화한 식은 블록다이그램에서 좀 복잡하게도 **함수팔레트≫프로 그래밍≫숫자형**에 있는 함수들을 가지고 구현할 수 있다.

Wire Type	Scalar	1D Array	2D Array	Color
Numeric	———	———	———	Orange (floating-point), Blue (integer)
Boolean	··········	~~~~~~~	⋙⋙⋙⋙	Green
String	＿＿＿	·●●●●●●●●	⋩⋩⋩⋩⋩⋩	Pink

2.3 일치한 숫자 찾기: while 루프

1) while 루프 활용 프로그램

while 루프의 구조 및 쓰는 법을 이해하기 위한 프로그램이다. 프런트패널에서 두 개의 수직 토글스위치로 두 while 루프의 '루프조건'으로 입력하게 한다. 하나는 '참인경우 계속'으로 이름을 주고, 그에 연결되는 while 루프의 '루프조건'도 '참인경우 계속'으로 설정한다. 나머지 하나의 수직 토글스위치도 '참인경우 정지'로 이름을 주고, 그에 연결되는 while 루프의 '루프조건'도 '참인경우 정지'로 설정한다. 두 수직 토글스위치 밑에 각 while 루프가 몇 번 반복 실행하고 있는 지를 '반복횟수'라는 숫자형 인디케이터로 표시하게 한다.

'참인경우 계속' 수직 토글스위치를 ON하고; '참인경우 정지' 수직 토글스위치를 OFF 한다. 각 while 루프가 지금 몇 번 반복실행하고 있는지를 '반복횟수' 숫자형 인디케이터로 표시한다. '참인경우 계속' 수직 토글스위치를 OFF 한다. '참인경우 정지' 수직 토글스위치를 ON 한다.

① LabVIEW 프런트 패널

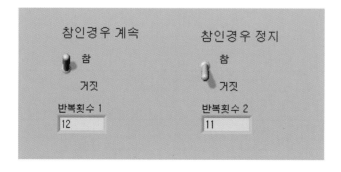

② LabVIEW 블록 다이어그램

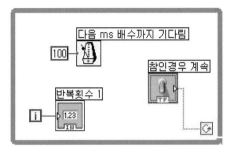
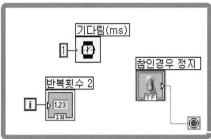

while 루프의 구조는 다음과 같다.

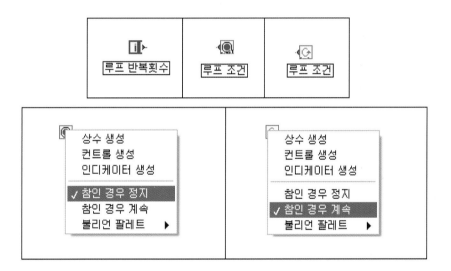

- 조건 터미널이 특정 불리언 값을 받을 때까지 서브다이어그램을 반복한다.
- 조건 터미널에서 마우스 오른쪽 버튼을 클릭한 후 바로 가기 메뉴에서 참인 경우 정지 또는 참인 경우 계속을 선택할 수 있다.
- While 루프는 항상 한번 이상 실행되는데 반복(i) 터미널은 현재 루프의 반복 수를 나타내며, 첫번째 반복에서는 제로(0)이다.

2) 일치한 숫자 찾기 프로그램

프런트패널에 입력된 값은 블록다이그램에서 임의의 값과 비교해 그 두 값이 서로 같을 때까지 정지하는 프로그램이다. 프런트패널에서 'Number to Match'의 값을 숫자형 컨트롤로 입력하게 한다. 블록다이그램에서 실행하는 while루프에서 현재의 임의의 숫자는 프런트패널에서 'Current Number'숫자형 인디케이터로 표시하게 한다. 'Current Number'가 'Number to Match'와 서로 같을 때까지 while루프가 몇 번 반복실행했는가를 프런트패널에서 '#of iterations' 숫자형 인디케이터로 표시하게 한다.

① LabVIEW 프런트 패널

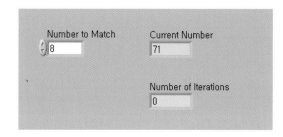

② LabVIEW 블록 다이어그램

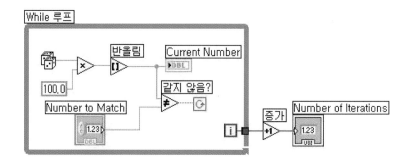

ⓐ 같은 숫자 찾기

- 여기서 0~100사이의 임의 난수를 발생시키기 위해 '난수(0-1)'를 100과 곱해서 그 값을 상수로 출력되도록 '반올림'을 하도록 한다.
- '난수(0-1)는 0과 1 사이의 배정도 부동소수만을 생성한다.
- '반올림'함수는 **함수팔레트≫프로그래밍≫숫자형**에 있다.
- 반올림된 임의난수는 프런트패널에서 'Current Number'란 숫자형 인디케이터로 표시하게 한다.
- while루프의 조건터미널을 오른쪽 클릭하여 '참인 경우 계속'을 선택한다.
- 비교할 값은 프런트패널에서 'Number to Match'라는 숫자형 컨트롤로 입력되는 데 'Number to Match' 및 'current Number'를 '같지 않으면?' 함수의 입력(x)과 입력(y)에 연결한다.
- 그 두 값은 같지 않으면 '같지 않으면?' 함수의 출력(x != y?)이 1이 되어, while루프를 계속 실행 시킨다.
- 그 두 값이 같을 때 '같지 않으면?' 함수의 출력이 0이 되어, while루프를 정지 시킨다.

ⓑ 반복횟수 구하기

- While 루프는 항상 한번 이상 실행되는데 반복(i) 터미널은 현재 루프의 반복 횟수를 나타내며, 첫번째 반복에서는 제로(0)이다.
- 첫 번째 반복에서는 항상 제로이므로 초기값이 1부터 시작하도록 반복(i)에 '증가'함수를 통과시켜 그 출력 값은 프런패널에 있는 '# of iterations'로 표시하게 한다.
- while 루프는 반복실행 끝나고 그 루프에서 빠져 나가면 반복실행 된 횟수를 프런트패널로 표시하게 한다.

3) 주사위 게임 프로그램

프런트패널에서 원하는 숫자를 1~6 사이의 정수값을 사용자가 다이얼로 선택하면 난수(0~1) 함수를 이용하여 1~6 사이의 주사위 값을 생성하고, 두 수의 값이 다르면 루프를 반복하다가 두수가 같아지면 루프를 종료하고, 그 때의 반복회수 (# of iteration)을 출력하는 프로그램을 작성하라.

① LabVIEW 프런트 패널

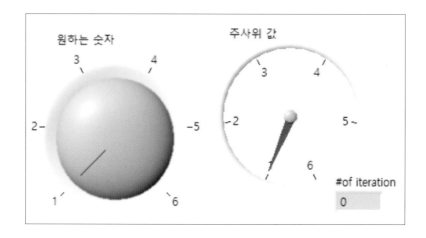

② LabVIEW 블록 다이어그램

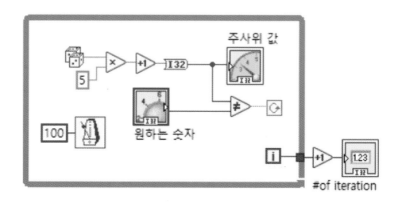

(1) 문제 설명

프런트패널에서 사용자가 1~10 사이의 숫자를 선택하면 난수 함수를 사용하여 **동일한 숫자가 나올 때** 루프를 종료하고 반복회수를 출력하는 프로그램을 작성하라. 프런트패널에 다이얼 1~10의 정수로 선택한 원하는 값(1~10)은 디지털 컨트롤과 다이얼로 표시하고, 난수 함수의 값(1~10)으로 생성된 주사위 값은 온도계와 디지털 인디케이터로 프런트패널에 각각 표시한다.

(2) 동작 순서

프런트패널에 있는 다이얼 컨트롤에서 원하는 숫자(1~10)를 선택한다. 선택된 값이 블록다이어그램에 난수 함수의 값(1~10)과 서로 비교하고, 원하는 주사위 값과 난수 값은 프런트패널에 각각 다이얼로 표시한다. 원하는 주사위를 선택하면 난수 값과 계속 비교하고 동일한 값이 나올 때 반복회수를 출력한다.

(3) LabVIEW 프로그램

① 프런트 패널

② 블록 다이어그램

1) 불리언을 이용한 케이스 구조

불리언을 이용하여 케이스 선택자에 연결해 해당하는 케이스 서브 다이그램을 실행하는 프로그램울 작성하라. 불리언을 케이스구조의 선택자에 연결해 참인경우 덧셈을 하고 거짓인 경우 뺄셈을 하게 한다. 덧셈과 뺄셈을 하는 숫자들은 프런트패널에 '숫자1' 및 '숫자2'라는 숫자형 컨트롤에 의해 입력하게 한다. 덧셈이나 뺄셈을 한 결과는 프런트패널에 '결과'라는 숫자형 인디케이터로 표시 한다.

LabVIEW 프로그램을 연속실행시키고 원하는 연산(덧셈이나 뺄셈)을 선택한다. 숫자1 및 숫자2를 입력하고 연산 한 결과는 '결과'에 표시한다. 연산 및 숫자들을 바꿔 결과를 확인하고 프로그램을 종료한다.

① LabVIEW 프런트 패널

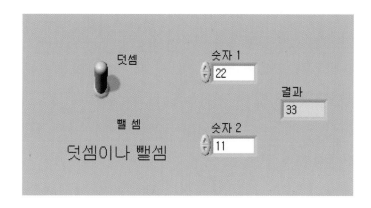

② LabVIEW 블록 다이어그램

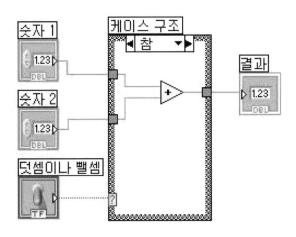

ⓐ 참과 거짓 케이스 선택

• 케이스 구조에는 2개 이상의 케이스가 있는데 한번에 하나의 케이스만
실행된다.

• 선택자의 입력값은 어느 것을 실행할 것인지 결정하고, 케이스 구조는
텍스트 기반 프로그래밍 언어의 switch 문이나 if…then…else 문과 유사
하다.

• 여기서 선택자에 연결되는 컨트롤이 불리언 컨트롤이므로; '참'과 '거
짓'인 케이스 두개 밖에 없다.

• 불리언이 ON 일 때 선택자의 입력에 'T', 즉 참(True)인 값을 주어, 참인
케이스문이 실행되고, 불리언이 OFF일 때 선택자의 입력에 'F', 즉 거짓
(False)인 값을 주어, 거짓인 케이스문이 실행된다.

ⓑ 덧셈 및 뺄셈 지정

• 덧셈과 뺄셈의 입력은 서로 같은 컨트롤로부터 받고 출력도 같은 인디케
이터로 표시하므로 '숫자1', '숫자2' 및 '결과'는 케이스 구조 밖으로 놓는다.

- '덧셈이나 뺄셈' 불리언은 케이스 구조의 선택자(   )에 연결해야 하므로 그것도 밖으로 놓는다.
- 참인 경우 덧셈을 하고 거짓인 경우 뺄셈을 하는 것으로 설정하기 위해 '참'인 경우에 '더하기'함수를 넣어 '더하기'함수의 입력(x)과 입력(y)을 각각 '숫자1'과 '숫자2'에 연결하고 '더하기'함수의 출력 (x+y)을 '결과'에 연결한다.

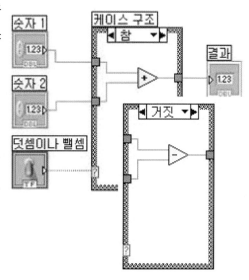

- '거짓'인 경우 '빼기'함수의 입력(x)과 입력(y)을 '더하기'함수와 같이 각 각 '숫자1' 및 '숫자2'에 연결하고 출력(x−y)을 '결과'에 연결한다.

2) 열거형 케이스 활용 프로그램

논리연산을 하기 위한 입력은 프런트패널에 'Signal A' 및 'Signal B'라는 수직토글 스위치에 의하여 입력하게 한다. 논리연산의 선택은 프런트패널에 'Select'이라는 열거형 컨트롤에 의한다. 열거형 컨트롤을 케이스구조의 선택자에 연결하여, 'AND'인 경우 'Signal A' 및 'Signal B'에 의하여 AND논리연산, 'OR'인 경우 OR연산, 'XOR'인 경우 XOR연산, 그리고 'NOT'인 경우 'Signal B'에 의하여 NOT연산을 하게 한다. 논리연산을 한 결과는 프런트패널에 'Result'이라는 라운드 LED로 표시하게 한다.

① LabVIEW 프런트 패널

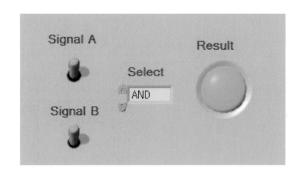

② LabVIEW 블록 다이어그램

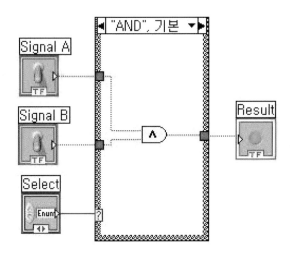

ⓐ 열거형 아이템 편집

• 프런트패널에서 열거형 컨트롤을 마우스 오른쪽 클릭하여 바로가기 메
  뉴에 '아이템편집'이란 항목을 선택한다.

• 열거형 프로퍼티 윈도우가 아래와 같이 나타나면, 원하는 아이템들을 다
  음 그림과 같이 작성한다.

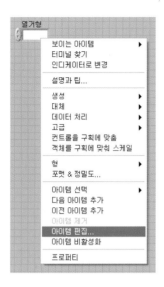

3) 열거형 케이스 활용 프로그램

　열거형을 이용하여 케이스 선택자에 연결해 해당하는 케이스 서브 다이그램을 실행하는 프로그램이다. 열거형 컨트롤을 케이스구조의 선택자에 연결하여, '더하기'인 경우 덧셈; '빼기'인 경우 뺄셈; '곱하기'인 경우 곱셈; 그리고 '나누기'인 경우 나눗셈을 하게 한다. 연산을 하는 숫자들은 프런트패널에 '숫자1' 및 '숫자2'라는 숫자형 인디케이터에 의해 입력하게 한다. 연산 결과는 프런트패널에 '결과'라는 숫자형 인디케이터로 표시하게 한다.

　① LabVIEW 프런트 패널

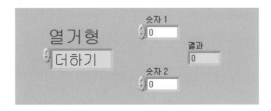

② LabVIEW 블록 다이어그램

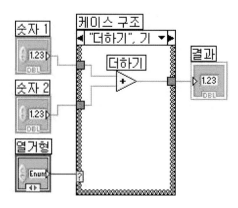

ⓐ 열거형 아이템 추가

- 열거형음 **컨트롤팔레트≫일반≫링&열거형**에서 찾을 수 있다.
- 열거형을 오른쪽 클릭하면 **아이템 편집...**을 선택해서 아이템 추가하거나 **다음 아이템 추가**를 클릭해 아이템추가해도 된다.

- 열거형을 오른쪽 클릭해서 바로가기 메뉴에서 **아이템 편집...**을 택하지 않으면 **프로퍼티**에 먼저가서 **아이템편집**메뉴도 있을 것이다.
- 아이템 편집에서 아이템의 이름 및 케이스문에 연결할 디지털 디스플레이를 편집이 가능하다.

ⓑ 서브케이스
- 연산을 하기 위한 입력들은 연산종료에 상관없이 프런트패널에 같은 숫자형 컨트롤을 의하여 입력이 되므로 '숫자1' 및 '숫자2'는 케이스구조 밖으로 놓는다.
- 마찬가지로 모든 서브케이스에서 연산한 결과가 똑 같은 숫자형 인디케이터로 표시하므로 '결과'는 케이스구조 밖으로 놓는다.
- '더하기','빼기','곱하기' 및 '나누기' 케이스에서 각각 해당하는 숫자형 함수를 사용하여 연산을 하게 한다.

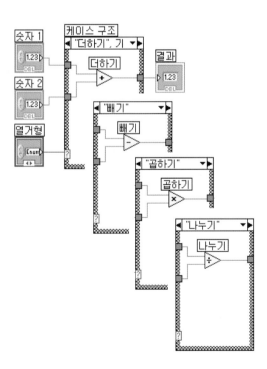

2.5 방정식 계산: 수식노드

1) 온도변환 프로그램

    수식 노드를 이용하여 LabVIEW 프런트패널에서 화씨온도를 입력하면 섭씨온도로 바꿔 주는 프로그램을 작성한다. 프런트패널에서 0~100 사이의 난수를 임의로 생성하여 웨이브폼 차트로 표시하고 이 데이터의 플롯 이름을 '섭씨온도'로 나타낸다. 섭씨온도를 화씨온도로 바꾸어서 섭씨온도를 표시하는 웨이브폼 차트로 표시하고 플롯 이름을 '화씨온도'로 나타낸다.

    블록다이어그램에서 '난수(0~1)' 및 '곱하기' 함수를 이용하여 0~100 사이의 난수를 임의로 생성하여 수식 노드로 연결한다. 수식 노드를 이용하여 섭씨온도(℃)는 화씨온도(℉)로 바꾸는 식은 F = 9/5 t + 32 이다. '묶기' 함수를 이용하여 섭씨온도와 화씨온도를 같은 웨이브폼 차트로 표시하게 한다.

    ① LabVIEW 프런트 패널

    ② LabVIEW 블록 다이어그램

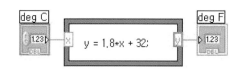

2) 방정식 계산 프로그램

블록 다이그램에서 실제 아이콘으로 구현하기 복잡한 계산을 수식 노드를 이용하여 직접 수식을 문자로 입력하는 프로그램을 작성하라. 수식 노드의 두 입력은 프런트패널에 '입력1'과 '입력2'라는 숫자형 컨트롤로 입력하게 한다. 수식 노드에서 계산된 출력은 프런트패널에 '출력1'과 '출력2'라는 숫자형 인디케이터로 표시하게 한다.

LabVIEW 프로그램을 연속 실행시키고 '입력1' 및 '입력2'에 원하는 숫자를 입력한다. 입력1 및 입력2에 의한 결과가 '출력1' 및 '출력2'로 표시하고 '입력1' 및 '입력2'의 숫자를 바꾸고 출력을 확인한다.

① LabVIEW 프런트 패널

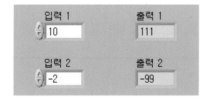

② LabVIEW 블록 다이어그램

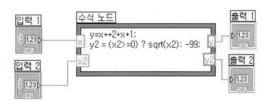

여기서 y=x**2+x+1은 $y = x^2 + x + 1$이고, y2=(x2>=0)? sqrt(x2) : −99는 x_2가 0보다 크거나 같을 경우 $y_2 = \sqrt{x_2}$이고, x_2가 0보다 작으면 y_2=−99로 표시한다.

2.6 차트 종류 및 활용

1) 웨이브폼 차트 프로그램

For 루프를 이용하여 난수를 100번 실행하고 웨이브폼 차트로 표시하는 프로그램을 작성하라. 난수(0-1)를 10과 곱해서 난수의 폭은 10배 늘어낸다. 발생한 난수 중에 5이상 되면 'IsG5'라는 라운드 LED가 켜지게 한다. 난수(0-1)에 10.0을 곱해서 생성된 임의의 수는 0~10의 범위이고, 이 데이터를 웨이브폼 차트로 나타낸다. 이 데이터를 '보다 크거나 같음?' 함수의 입력(x)에 연결하고, 곱하기 입력(y)에는 5.0 상수를 입력한다. 비교함수의 출력을 'IsG5' 라운드 LED로 연결하여 생성된 임의의 수가 5 이상이면 비교함수의 출력이 참이 되고, 라운드 LED가 켜진다.

① LabVIEW 프런트 패널

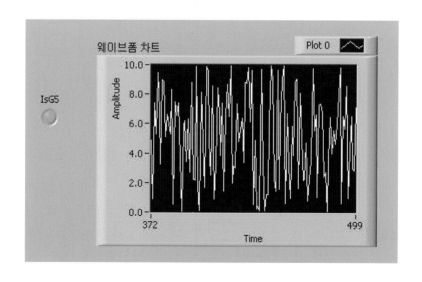

② LabVIEW 블록 다이어그램

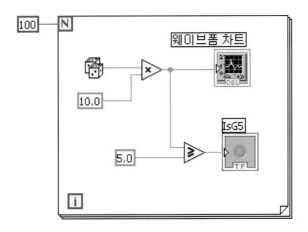

ⓐ 차트의 모드

- 웨이브폼 차트는 3가지의 모드가 있는데, 스트립, 스코프 및 스윕차트이다.
- 웨이브폼 차틔의 모드들을 프로그램이 실행중이면 차트를 오른쪽 클릭해서 **업데이트 모드**에서 바꿀수 있고, 정지중에는 차트를 오른쪽 클릭해서 **고급≫업데이트 모드**에서 바꿀 수 있다.
- 여기서 쓰는 모드는 스윕차트이다.

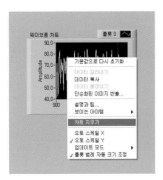
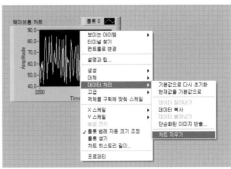

ⓑ 차트의 초기화

• 실행 중인 차트의 오른쪽 클릭해서 '차트 지우기'의 목록을 선택한다.

• 실행 정지중에는 차트를 오른쪽 클릭해서 **데이터 처리≫차트지우기** 목
록을 선택해야 차트의 데이터가 지워지고 초기화된다.

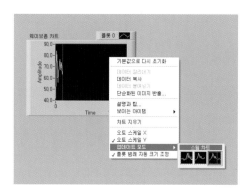 

2.7   이동 평균계산: 시프트 레지스터

1) 시프트 레지스터(Shift register)

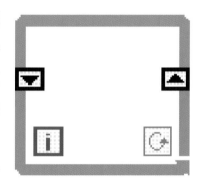

    While 루프와 For 루프에서는 이전 반복 실행에서의 값을 다음 반복 실행을 위해 넘겨주어야 할 필요가 있는 데, 이때에 시프트 레지스터를 사용한다. 루프의 왼쪽이나 오른쪽 경계를 오른쪽 클릭하여 Add 시프트 레지스터 메뉴를 선택하면 시프트 레지스터를 만들 수 있다. 다음 그림과 같이 양쪽 수직 테두리에 한 쌍의 터미널을 갖는 시프트 레지스터가 생긴다.

    오른쪽 터미널은 루프가 1회 종료될 때마다 데이터가 저장된다. 이 데이터는 루프가 반복 실행 완료될 때마다 이동되어 다음 반복 실행이 시작할 때 왼쪽의 터미널에 나타난다. 다음 그림에 이 과정이 나타난다. 시프트 레지스터를 사용하여 이전의 실행 내용을 다음 번 실행을 위해 데이터를 저장할 수 있다. 이 기능은 데이터들의 평균을 계산할 때 매우 유용하다. 지금의 경우는 한 단계 이전의 값만 저장할 수 있는 데 여러 단계 이전의 값들을 저장하기 위해서는 Add Element 기능을 사용해야 한다.

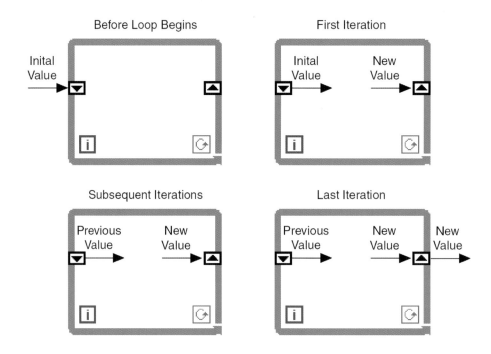

다음 그림은 Add Element를 통해 3 개의 요소를 추가한 것이다. 이렇게 하려면 Shift register의 왼쪽 터미널을 오른쪽 클릭하여 Add Element 메뉴를 선택하면 된다.

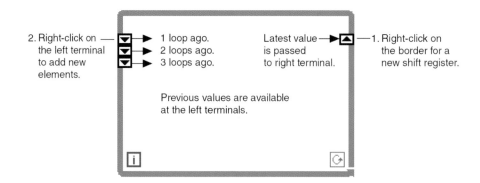

Shift register의 값을 초기화하기 위해서는 왼쪽 터미널에 다음 그림과 같이 블록 다이어그램을 구성해야 한다. 다음 그림의 왼쪽 부분은 Shift register를 초기화하지 않은 경우이고 오른쪽 부분은 5라는 값으로 초기화한 경우이다. 초기화하지 않으면 0의 값이 shift register에 저장되어 while loop가 시작된다. 그러나 0의 값이 아닌 특정한 값을 가지고 시작하려면 원하는 값으로 초기화해야 하는 데 다음 그림은 5라는 값으로 초기화한 것이다.

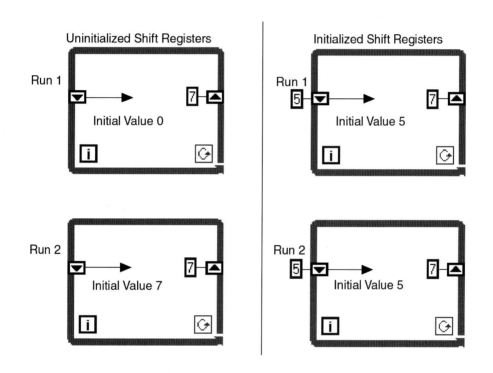

2) 시프트 레지스터 프로그램

시프트 레지스터의 동작을 확인하기 위한 프로그램을 작성하라. 프런트패널의 'Value1'의 숫자형 인디케이터는 프로그램이 실행하자 초기값이 5이고, 다시 0으로 바꾸고 while 루프를 반복실행할 때마다 1증가해서 4까지 가게 한다. 'Value2'라는 숫자형 인디케이터는 while 루프가 실행 정지한 다음 최종적인 값을 표시하게 한다.

LabVIEW 프로그램을 실행하면 프로그램이 시작하면 while 루프가 계속 반복하고, 블록다이그램에 의해 출력된 'Value1' 및 'Value2'를 각각 프런터패널의 숫자형 인디케이터로 표시한다. 반복 터미널(i)은 while 루프 반복횟수를 나타내는데 0부터 시작하므로 I는 5와 같지 않으면 계속 실행하는 것은 이 while 루프를 6번 실행하고 반복터미널(i)이 5일 때 while 루프를 중지해 루프에서 빠져나간다는 뜻이다.

① LabVIEW 프런트 패널

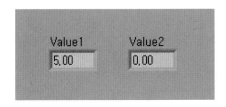

② LabVIEW 블록다이어그램

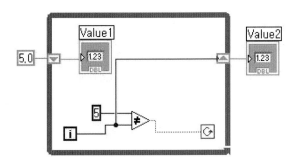

ⓐ while 루프의 동작
- 프로그램이 시작하자 while루프가 계속 반복한다.

- 반복 터미널(i)은 while 루프반복 횟수를 나타내는데 0부터 시작하므로 I는 5와 같지 않으면 계속 실

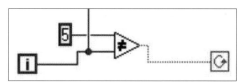

행하는 것은 이 while 루프를 6번 실행하고 반복터미널(i)이 5일때 while 루프를 종지해 루프에서 빠져 나간다는 뜻이다.

ⓑ 시프트레지스터의 동작

- 이전 바복의 값을 루프를 통해 다음 반복으로 전달하고자 할 때 시프트 레지스터를 사용한다.
- 시프트 레지스터는 루프 경계의 양 옆에 서로 반대

인 터미널 쌍이 있는데 루프 오른쪽의 터미널에는 윗방향 화살표가 있고 반복이 끝날 때마다 데이터를 저장한다.
- LabVIEW는 레지스터 오른쪽에 연결된 데이터를 다음 반복으로 전달한다.
- 루프가 실행된 후에 루프의 오른쪽의 터미널은 시프트 레지스터에 저장된 마지막 값을 반환한다.
- 프로그램이 실행하자 while루프가 계속 반복실행한다.
- while 루프 한 번 반복 실행할 때 시프트레지스트의 초기 값 5를 표시한다.
- 두번째 반복할 때 while루프가 첫 번 실행했을 때 저장했던 '0'인 값을 표시한다.
- 위와 같이 while루프가 계속 실행하고 왼쪽 시프트 레지스터가 계속적으로 오른쪽 터미널의 시프트 레지스터가 저장했던 값을 표시한다.
- while 루프가 6번 실행하고 종료하므로 마지막으로 'Value1'에 표시하는 값은 5이고, 'Value2'는 while루프에서 빠져나갈 때 while루프의 오른쪽 터미널의 시프트 레지스터가 저장하고 있는 값을 표시하므로 '5'로 표시된다.

3) 온도 이동평균 계산

시프트 레지스터를 이용하여 이동 평균을 구하는 프로그램으로, 프런트 패널의 웨이브폼 차트에서 난수로 생성된 값은 '임의의 온도'로 표시하고, 이동평균은 최근 3개의 데이터를 사용하여 구해서 '이동평균'으로 표시하게 한다. '임의의 온도' 및 '이동평균'을 하나의 웨이브폼 차트에 표시하게 한다. 'Power'수직 토글스위치에 의해서 while 루프를 키고 끄게 한다.

① LabVIEW 프런트패널

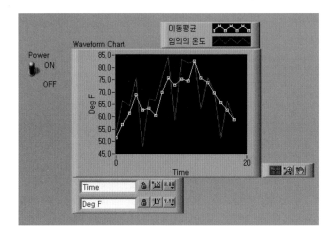

② LabVIEW 블록다이어그램

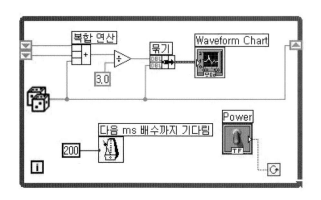

실습문제 2-4   두 온도의 이동 평균 모니터링

(1) 문제 설명

 빌딩에서 사무실의 두 온도를 측정해서 이동 평균을 계산해서 트렌드 차트에 나타내는 프로그램을 작성한다.

 각 온도는 랜덤 함수(0~1)를 사용해서 숫자 100을 곱하여 사용하고, (현재 온도 + 이전 온도 + 그 이전 온도)/3으로 이동 평균을 계산하도록 블록 다이어그램을 시프트 레지스터를 사용해서 구성한다. 단, 샘플링 시간은 0.1초이다.

(2) 동작 순서

 프런트 패널에 두 개의 이동 평균 온도가 30보다 작거나 80보다 크면 LED가 커지도록 하고, 두 개의 차트를 사용해서 현재 온도, 이동 평균 온도, 상한 온도(80), 하한 온도(30)를 각각 나타내도록 작성한다.

(3) LabVIEW 프로그램

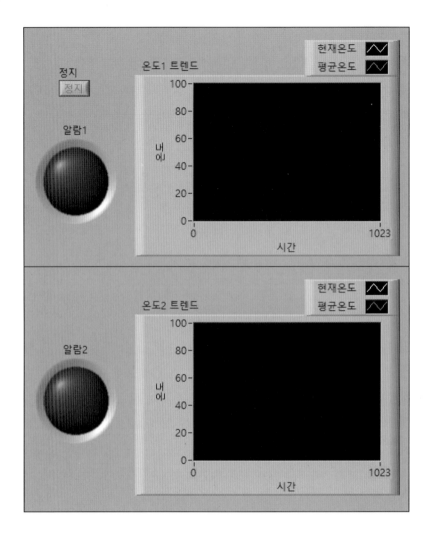

(4) LabVIEW 블록다이어그램: 알람1과 2를 위한 아래 A와 B를 구성하시오.

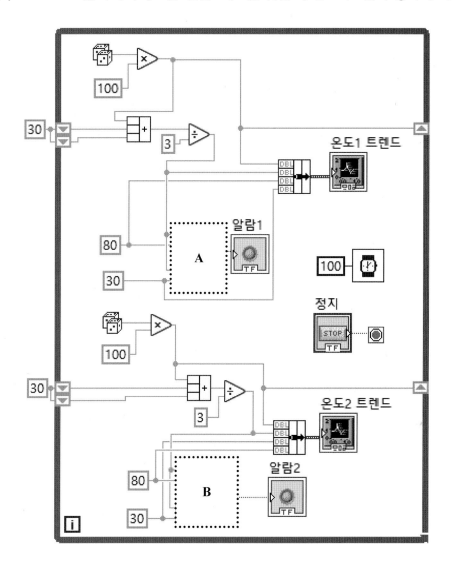

ⓐ 위에 빈칸 A에 대한 블록

ⓑ 위에 빈칸 B에 대한 블록

2.8 소요시간 계산: 시퀀스

1) 플랫시퀀스 프로그램

LabVIEW에서 시퀀스는 플랫시퀀스와 다층시퀀스가 있다. 여기서는 플랫
시퀀스를 이용하여 0~1000 범위의 난수값과 프런트패널에서 입력된 숫자와
다를 때 while 루프를 반복하도록 프로그램 작성하고, 두 수가 같을 때 while
루프 반복횟수와 소요시간(ms)을 계산하는 프로그램을 작성하라. 비교할 숫
자는 프런트패널의 '입력숫자'라는 숫자형 컨트롤에 의하여 입력하게 한다.
임의의 난수가 '입력숫자'와 같을 때까지 while루프가 몇 번 반복 실행했는
지, 얼마나 소요되었는지를 프런트패널의 '소요시간'과 '반복회수'이라는 숫
자형 인디케이터로 표시하게 한다.

비교할 '입력숫자'를 입력하고 LabVIEW 프로그램을 실행시킨다. while루
프 반복실행한 횟수와 소요시간을 프런트패널에 표시한다.

① LabVIEW 프런트패널

② LabVIEW 블록다이어그램

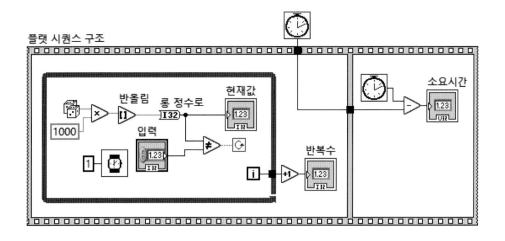

2) 다층시퀀스 프로그램

LabVIEW에서 다층시퀀스를 이용하여 0~1000 범위의 난수가 프런트패널에서 입력된 숫자와 **같을 때** while 루프를 끝내고, 그때 반복횟수와 소요시간(sec)을 계산하는 프로그램을 작성하라. 비교할 숫자는 프런트패널의 '입력숫자'라는 숫자형 컨트롤에 의하여 입력하게 한다. 임의의 난수가 '입력숫자'와 같을 때까지 while루프가 몇 번 반복 실행했는지, 얼마나 소요되었는지를 프런트패널의 '소요시간'과 '반복회수'이라는 숫자형 인디케이터로 표시하게 한다. 비교할 '입력숫자'를 입력하고 LabVIEW 프로그램을 실행시킨다. while루프 반복실행한 횟수와 소요시간을 프런트패널에 표시한다.

① LabVIEW 프런트패널

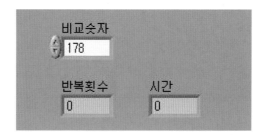

② LabVIEW 블록다이어그램

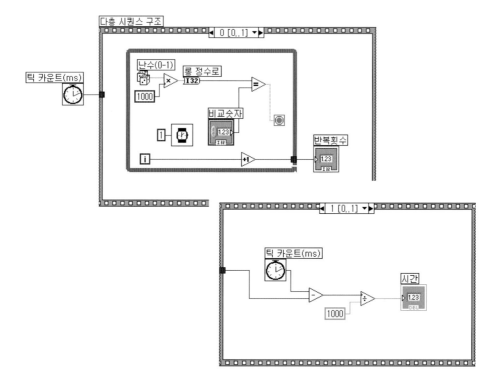

2.9 입력 및 출력: 문자함수

1) 문자열 활용 프로그램

LabVIEW에서 각종 문자열 컨트롤, 인디케이터 및 콤보박스의 사용 방법을 익히기 위한 프로그램이다. 프런트패널에서 '문자열 컨트롤'이라는 문자열 컨트롤에 입력되는 것을 '문자열 인디케이터'라는 문자열 인디케이터에 그대로 표시한다. '콤보 박스'라는 콤보박스에 선택되는 것을 '문자열 인디케이터2'라는 문자열 인디케이터로 표시한다. 블록다이그램에서 미리 설정한 문자열을 프런트패널에 '문자열 인디케이터3'이라는 문자열 인디케이터로 표시한다. 블록다이그램에 문자열의 숫자를 문자열로부터 스캔을 하여 프런트패널에 '숫자형'이라는 숫자형 인디케이터로 표시한다.

① LabVIEW 프런트패널

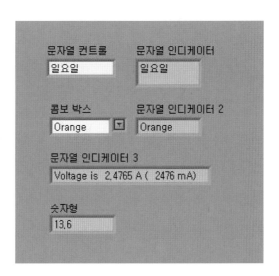

② LabVIEW 블록다이어그램

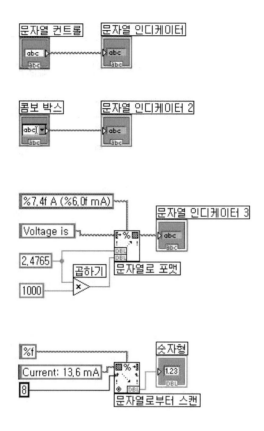

ⓐ 문자열의 사용

● 문자열 컨트롤을 문자열 인디케이터에 직접 연결하면 문자열 컨트롤에
서 입력된 것을 다 문자열 인디케이터에 그대로 표시한다.

● 문자열 컨트롤 및 인디케이터를 오른쪽 클릭을 하면 입력되는 것을 '일
반 디스플레이, '\'코드 디스플레이, 암호 디스플레이 및 16진수 디스플
레이' 중에 원하는 표시방법을 선택할 수 있다.

ⓑ 콤보 박스

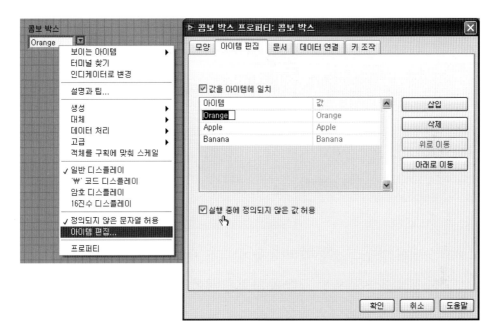

- 콤보 박스 컨트롤을 사용하여 프런트패널에서 순환할 수 있는 문자열 리스트를 생성할 수 있다.
- 콤보박스도 문자열과 같이 오른쪽 클릭을 하면 바로가기 메뉴에서 디스플레이 방법을 택할 수 있다.
- 콤보 박스를 온른쪽 클릭하여 바로가기 메뉴에서 '아이템 편집'이라는 것을 선택하면 콤보박스의 이이템을 추가하거나 삭제할 수 있다.
- 콤보 박스는 텍스트 또는 메뉴 링 컨트롤과 유사한데 콤보 박스의 값과 데이터 타입은 링 컨트롤과 같은 숫자가 아니라 문자열이다.

ⓒ 문자열로 포맷

- 포맷 문자열은 입력 인수를 결과 문자열로 어떻게 변환하는지를 지정한다.

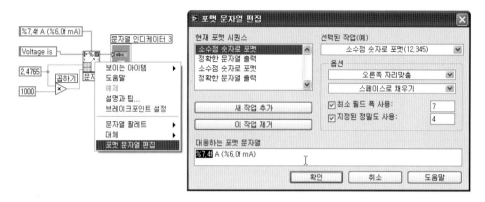

- 함수에서 마우스 오른쪽 버튼을 클릭한 후 바로 가기 메뉴에서 포맷 문자열 편집을 선택하여 포맷 문자열을 생성하고 편집할 수 있다.
- 여기서 **포맷 문자열**은 '%7.4f A(%6.0f mA)'인데 %7.4f A는 입력1의 필드 폭은 7이고 정밀도, 즉 소숫점의 자릿수가 4이고 A는 랩뷰에서 사용가능한 단위 암페어인 것을 출력 지정한다.
- (%6.0f mA)는 입력2의 필드 폭은 6이고 소숫점 자릿수가 0이고 단위는 mA이고 그것을 괄호안에 출력을 지정한다.
- 여기서 **초기 문자열**은 'Voltage is'로 되는데 프로그램을 실행할 때 문자열 인디케이터는 이 초기 문저열로 시작을 할 것이다.

ⓓ 문자열로부터 스캔

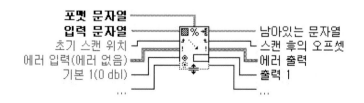

- **포맷문자열**은 '%f'로 되있는데 그것은 '문자열로부터 스캔'함수를 오른쪽 클릭하여 '스캔 문자열 편집'창에서 바꿀 수 있다.
- **초기 스캔위치**는 8로 잡았는데 그것은 스캔이 시작되는 문자열에 대한 오프셋이고 기본은 0이다. 여기서 **입력 문자열**은 'Current : 13.6mA'이므로, 오프셋이 8이면 '문자열로부터 스캔'함수는 '13.6'부터 스캔을 할 것이다.

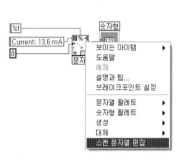
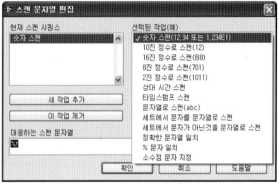

스마트공장 구축을 위한
LabVIEW 및 SCADA 프로그래밍

myRIO
하드웨어 구성

▶ myRIO 본체와 연결 보드를 이해하고 활용할 수 있다.
▶ LabVIEW 프로그램으로 myRIO 본체의 기본 기능을 활용할 수 있다.

3.1 myRIO 구성

1) myRIO 하드웨어 특징

NI에서 개발한 myRIO를 이용하여 로봇이나 독립적인 시스템을 제작할 때 매우 유용하고 복잡합 시스템보다 신속하게 저가로 제작할 수 있는 장점도 가지고 있다. myRIO가 가지고 있는 사양을 간략히 정리하면 다음과 같다.

- 40개의 디지털 입력/출력
- 10개의 아날로그 입력
- 6개의 아날로그 출력
- 오디오 I/O 채널
- WiFi 기능, 3축 가속도계 및 여러 개의 프로그래밍 가능한 LED

myRIO는 전원, 상태, WiFi를 알려주는 LED와 추가의 4개의 LED가 부착되어 있고, USB포트, 시리얼 포트, 어댑터 연결부와 리셋 버튼이 있다. 또한, myRIO 옆면에는 확장 포트 커넥터 A, B, C가 있고 myRIO의 상세한 하드웨어 특성은 다음과 같다.

항 목	세부 항목	세부 사양
Processor	Xilinx Z-7010	ARM Cortex-A9 Speed 667MHz, 2Cores
RAM	DDR3 Flash	512MB 256MB
USB Port	USB Host USB Device	
Power Output	DC	+3.3V, +5V, +15V, -15V
Power Req.	DC	6~16V

	Analog Input	10 EA (Audio 제외) Bandwidth 2Hz to >20kHz
	Analog Output	6 EA (Audio 제외) Bandwidth 2Hz to >50kHz
In & Output	Digital I/O	40 EA
	PWM	100 kHz
	Encoder	Quadrature input 100 kHz
	Accelerometer	3 Axes
	WiFi	IEEE 802.11 b,g,n
Network & Bus	UART	Maximum baud rate 230,400 bps
	SPI	4 MHz
	I2C	400 kHz
OS	NI Linux	Real-Time
Language	LabVIEW, C	

확장 포트 커넥터 A, B

확장 포트 커넥터 C

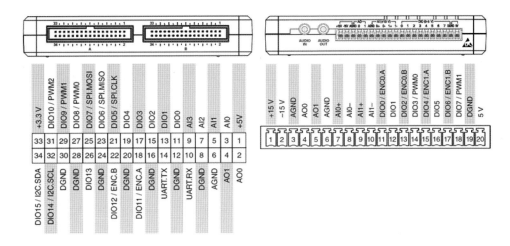

아날로그 입력과 출력 및 디지털 입출력에 대한 세부적인 사양은 그림과 같다.

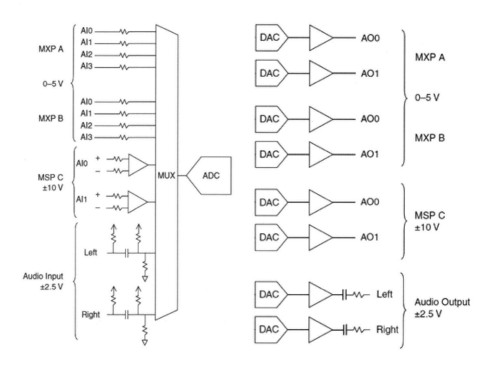

2) myRIO MXP 보드

myRIO와 연결해서 회로를 만들 수 있는 브레드 보드가 포함되어 있다. 이 브레드 보드에는 오른편에는 myRIO 확장 포트 커넥터 B나 C에 연결하는 단자가 있고 브레드 보드와 myRIO 확장 포트 커넥터 B나 C에 연결하는 중간 단자가 왼쪽과 오른쪽에 있고 그 옆에는 각 단자의 설명이 적혀 있다. 이 브레드 보드에 관한 사진은 다음과 같다.

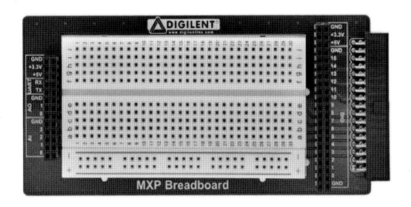

또는 로봇웰코리아에서 개발한 MXP 확장 포트 커넥터는 다음 그림과 같고, 세부적인 명칭과 설명을 정리하면 다음 표와 같다.

No	스위치 명칭	세부 기능 설명
①	MXP-A +5V 스위치	스위치를 ↑ON 하면, NI myRIO MXP-A 커넥터의 +5V를 ⑤ MXP-A 디지털 입출력 포트, ⑦ MXP-A 아날로그 입출력 포트의 +5V 단자에 인가한다.
②	MXP-A +3.3V 스위치	스위치를 ↑ON 하면, NI myRIO MXP-A 커넥터의 +3.3V를 ⑤ MXP-A 디지털 입출력 포트, ⑦ MXP-A 아날로그 입출력 포트의 +3.3V 단자에 인가한다.
③	MXP-B +5V 스위치	스위치를 ↑ON 하면, NI myRIO MXP-B 커넥터의 +5V를 ⑥ MXP-B 디지털 입출력 포트, ⑧ MXP-B 아날로그 입출력 포트의 +5V 단자에 인가한다.

④	MXP-B +3.3V 스위치	스위치를 ↑ ON 하면, NI myRIO MXP-B 커넥터의 +3.3V를 ⑥ MXP-B 디지털 입출력 포트, ⑧ MXP-B 아날로그 입출력 포트의 +3.3V 단자에 인가한다.

⑤	MXP-A 디지털 입출력 포트	+5V +3.3V DIO_0 DIO_1 DIO_2 DIO_3 DIO_4 DIO_5 (SPI_CLK) DIO_6 (SPI_MISO) DIO_7 (SPI_MOSI) +5V +3.3V DIO_0 DIO_1 DIO_2 DIO_3 DIO_4 DIO_5 (SPI_CLK) DIO_6 (SPI_MISO) DIO_7 (SPI_MOSI)
⑥	MXP-B 디지털 입출력 포트	DIO_8 (PWM_0) DIO_9 (PWM_1) DIO_10 (PWM_2) DIO_11 (ENC_A) DIO_12 (ENC_B) DIO_13 DIO_14 (I2C_SCL) DIO_15 (I2C_SDA) DGND DGND DIO_8 (PWM_0) DIO_9 (PWM_1) DIO_10 (PWM_2) DIO_11 (ENC_A) DIO_12 (ENC_B) DIO_13 DIO_14 (I2C_SCL) DIO_15 (I2C_SDA) DGND DGND
⑦	MXP-A 아날로그 입출력 포트	+5V +3.3V AI_0 AI_1 AI_2 AI_3 AGND AGND AO_0 AO_1 +5V +3.3V AI_0 AI_1 AI_2 AI_3 AGND AGND AO_0 AO_1
⑧	MXP-B 아날로그 입출력 포트	UART_TX UART_RX DGND DGND UART_TX UART_RX DGND DGND
⑨	MXP-A UART 포트	UART_TX UART_RX UART_TX UART_RX
⑩	MXP-B UART 포트	DGND DGND DGND DGND

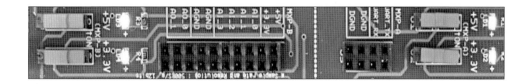

여기서 ① MXP-A +5V 스위치, ② MXP-A +3.3V 스위치, ③ MXP-B +5V 스위치, ④ MXP-B +3.3V 스위치를 ↑ON 하면 해당 전원 표시 LED(LD1~LD4)가 켜진다. 만약 LED가 켜지지 않을 경우 NI myRIO 해당 포트의 +5V, +3.3V 전원 출력 상태를 확인한다.

NI myRIO MXP-A, B의 +5V, +3.3V에는 각각 10uF/35V의 전해 콘덴서가 연결되어 있다.

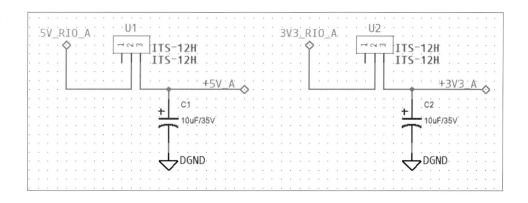

1) myRIO의 가속도 센서

NI LabVIEW를 시작하여 Create Project에서 myRIO Project를 선택하여, Project Name과 Project Root를 입력하고 마침을 선택한다. Project Name은 생성할 Project의 이름이고, Project Root는 생성할 Project가 있을 폴더 이름이다.

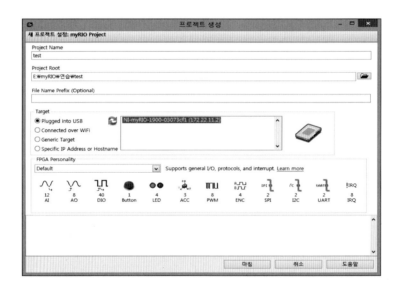

프로젝트 탐색기에서 Main.vi를 선택하면, 다음과 같은 Mail.vi의 프런트 패널에서 ctrl+R 또는 화살표 모양의 버튼을 클릭해서 실행한다.

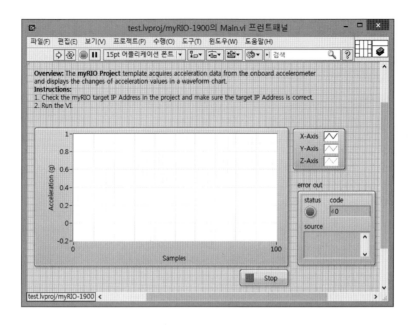

이때 myRIO 하드웨어를 움직였을 때 X, Y, Z축 방향의 가속도 변화를 아래 그림과 같이 그래프에 트렌드로 나타난다.

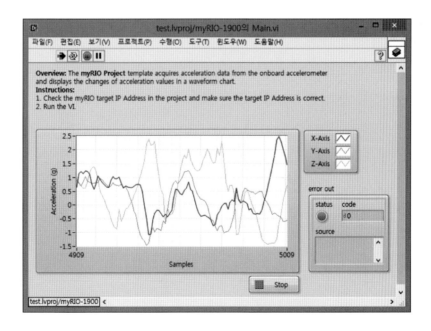

Stop 버튼을 눌러 실행을 중지시킨 후 '메뉴〉윈도우〉블록 다이어그램 보이기'를 선택하거나 ctrl+E를 눌러 블록 다이어그램을 활성화시킨다.

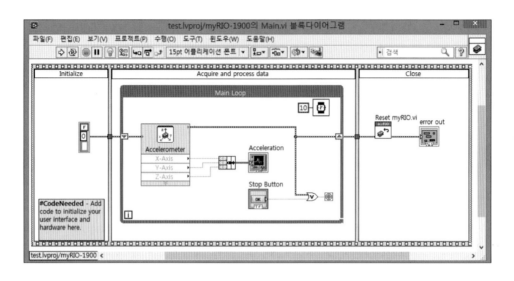

2) myRIO의 LED 활용

myRIO 본체 있는 LED을 활용하기 위해서 기존 LabVIEW 프로그램의 블록 다이어그램의 Main Loop 안에 'Functions〉myRIO〉Default〉LED'를 추가하고, 동일한 LabVIEW 프로그램의 프런트 패널의 그래프 밑에 블리언 스위치 4개를 다음과 같이 추가한다.

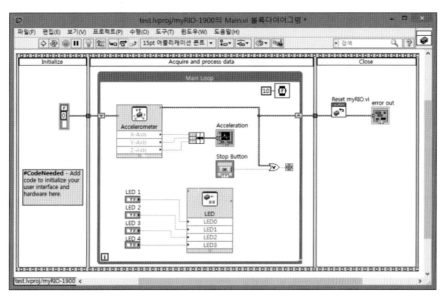

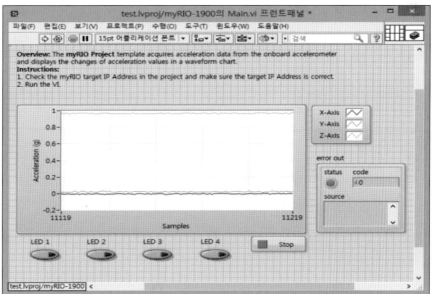

프런트 패널 각 블리언 스위치를 클릭하여 myRIO LED의 점멸 상태를 확인한다.

3) myRIO의 버튼 활용

myRIO 본체 있는 버튼을 활용하기 위해서 기존 LabVIEW 프로그램의 블록 다이어그램의 Main Loop 안에 'Functions〉myRIO〉Default〉Button'를 추가하고 Button 함수의 출력을 LED 함수의 입력에 아래 블록 다이어그램과 같이 연결한다.

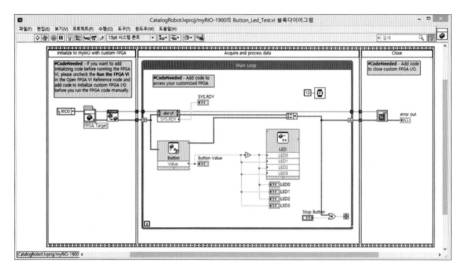

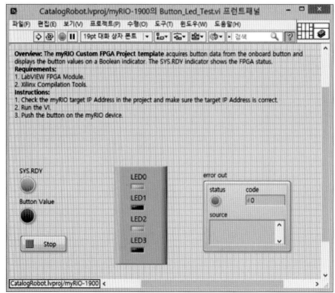

프로그램을 실행하고 myRIO 본체의 버튼을 누르거나 떼면서 myRIO 본체의 LED와 프런트 패널의 LED의 변화를 관찰한다. 원하는 결과가 나오지 않으면 블록 다이어그램의 결선을 변경한다.

스마트공장 구축을 위한
LabVIEW 및 SCADA 프로그래밍

myRIO
프로그래밍 기초

myRIO 프로그래밍 기초

▶ myRIO를 이용한 LabVIEW 프로그램을 작성할 수 있다.
▶ LabVIEW 프로그램으로 원하는 myRIO 기능을 활용할 수 있다.

4.1 LED 신호등

1) 주파수에 따른 LED 점등 프로그램

NI myRIO에 MXP 보드를 연결하여 LED를 주파수 변화에 따라 점등할 수 있는 LabVIEW 프로그램을 작성한다. 프런트 패널에서 스위치와 LED(Light Emitting Diode) 버튼을 추가하고, 블록 다이어그램에서 Functions 〉 myRIO 〉 Default에서 Digital output 함수를 찾아서 가져오고 연산자와 시퀀스 등의 함수를 선택해서 아래와 같이 프로그램을 완성한다.

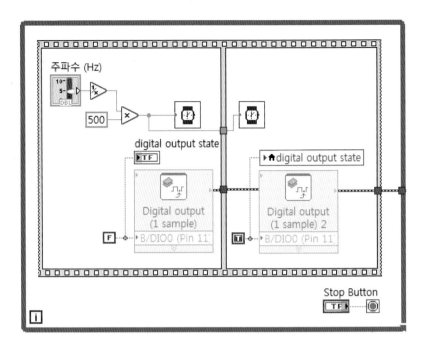

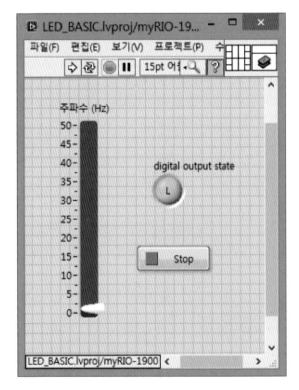

주파수를 조절하는 불리언을 추가하고 주파수의 조작은 Programming 〉 Timing의 함수 중 하나를 써서 조절한다. 주파수의 범위를 0Hz ~ 50Hz로 하고, 자동으로 on/off 되도록 while 함수를 사용한다.

LED를 컨트롤하는 방법을 익히기 위해 저항 220Ω과 LED의 아래 부품 특성을 참고하여 간략히 배선도를 작성하라.

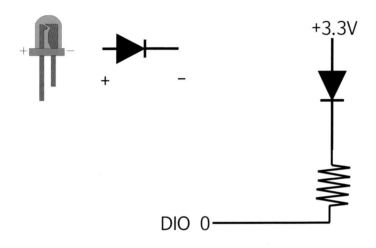

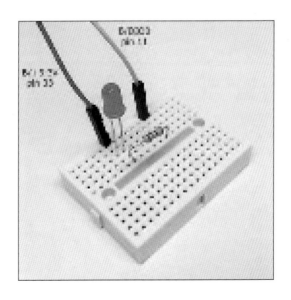

2) 건널목 신호등 LED 프로그램

NI myRIO의 MXP 보드에 두 개의 LED를 교차로 점멸하도록 아래 프로그램을 참고해서 각자의 특성을 나타낼 수 있는 LabVIEW 프로그램을 작성하고 배선도를 작성하라.

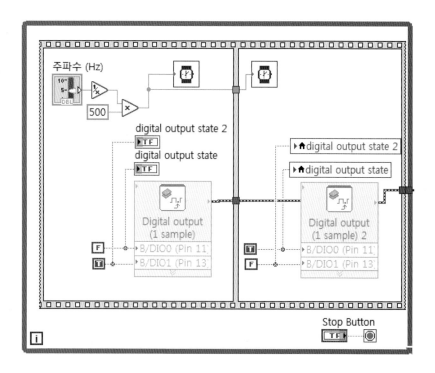

4.2 　푸시버튼 입력과 LED 출력

1) 푸시버튼으로 LED 점등

　　푸시버튼 스위치는 단순한 센서뿐만 아니라 사용자와 시스템 간의 인터페이스 장치로 많이 쓰인다. 사용자가 푸시버튼을 누르면 프런트 패널의 블리언과 myRIO에 MXP 보드에 연결된 LED가 점등되도록 아래 그림을 참고해서 LabVIEW 프로그램과 배선도를 작성한다. 단, 푸시 버튼 입력은 DIO 0에 하고, Digital Input에서 나오는 신호를 Digital Output의 DIO 1에 연결한다.

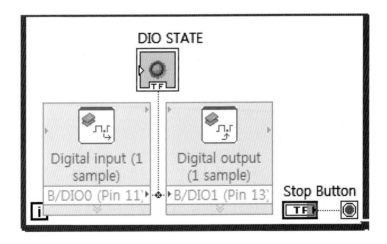

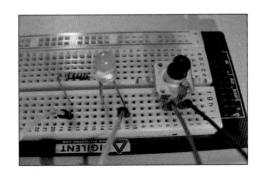

2) 푸시버튼 입력 횟수 표시

푸시버튼 스위치를 누르는 횟수만큼 누적해서 LabVIEW 프런트 패널에 숫자로 나타내는 프로그램을 작성한다. 단, 케이스 문과 시프트 레지스터를 활용한다.

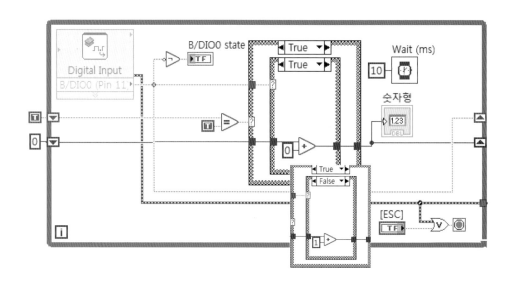

실습문제 4-1　반사 시간 계산 프로그램

(1) 문제 설명

LabVIEW 랜덤 함수를 사용하여 불균일적으로 LED가 커지도록 하고 사용자가 LED가 커지자마자 푸시버튼을 누르게 하여, 이때 소요되는 시간을 계산하는 프로그램을 작성한다. 소요 시간은 Programming 〉 Timing의 함수 중 하나를 써서 계산하고, 정확한 시간 계산을 위하여 플랫 시퀀스를 사용하여 반사 시간을 ms로 나타낸다.

(2) LabVIEW 프로그램

① 프런트 패널

② 블록 다이어그램

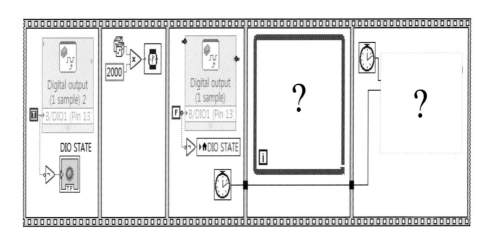

4.3 디지털 숫자 표시

1) 7-세그먼트 연결

7-세그먼트는 0~9의 숫자와 문자를 표시하는 LED로 7개의 획으로 표시한다. LabVIEW 프런트 패널의 왼쪽에 7-세그먼트에서 불린 스위치를 조작하면 MXP 보드의 7-세그먼트와 프런트 패널의 숫자가 점등되도록 프로그램을 작성한다.

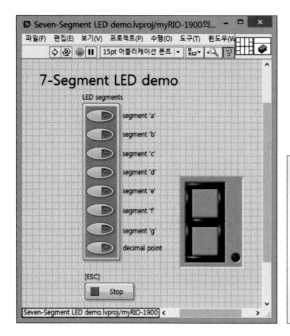

LabVIEW 프로그램을 작성하기 위해서는 아래 7-세그먼트의 각각에 DIO 를 어떻게 연결하는지 이해를 먼저 해야 한다.

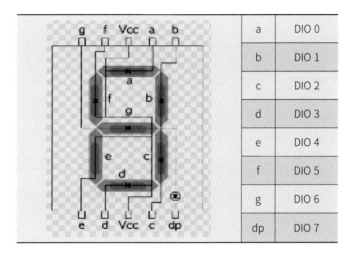

a	DIO 0
b	DIO 1
c	DIO 2
d	DIO 3
e	DIO 4
f	DIO 5
g	DIO 6
dp	DIO 7

LabVIEW 블록 다이어그램을 작성하면 아래와 같이 인덱스 배열을 사용하여 8개의 디지털 값을 Digital Output에 연결한다.

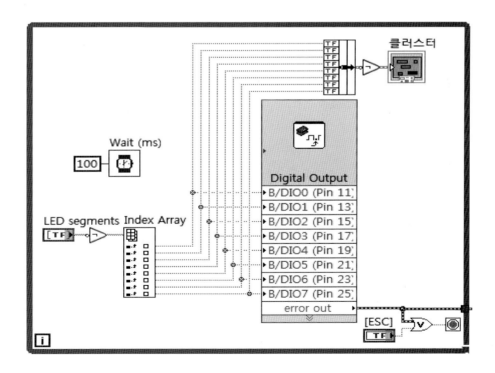

(1) 문제 설명

LabVIEW 블록 다이어그램에서 Case 구조를 사용하여 입력한 숫자를 7-세그먼트에 표시하는 프로그램을 작성한다. 숫자 입력은 텍스트링으로 프런트 패널에서 하고, 각 Case에서 8개의 세그먼트의 on/off를 지정한다.

(2) LabVIEW 프로그램

다음 LabVIEW 블록 다이어그램에서 입력한 숫자를 7-세그먼트에 표시하도록 빈칸을 완성하라.

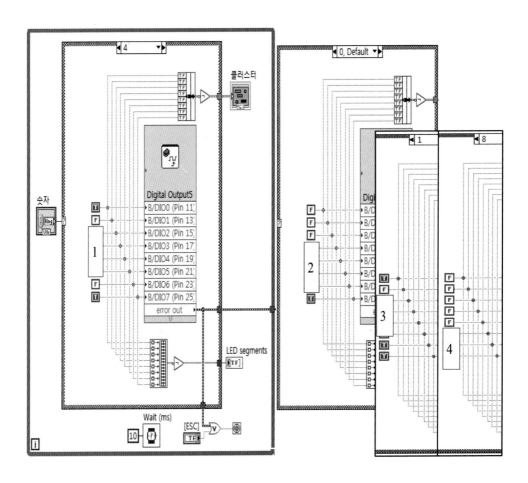

① T − F − ( ) − ( ) − ( ) − ( ) − F − T

② F − F − F − ( ) − ( ) − ( ) − ( ) − T

③ T − F − ( ) − ( ) − ( ) − ( ) − T − T

④ F − F − F − F − F − ( ) − ( ) − ( )

4.4 　스위치로 디지털 숫자 변경

1) DIP-스위치 입력을 7-세그먼트에 표시

　　DIP(dual in-line package) 스위치는 IC 기판에 사용하도록 구성되어 있고, 16핀 DIP 스위치와 16 포지션 회전식 DIP 스위치가 있다.

　　LabVIEW를 이용하여 1~8 숫자를 DIP 스위치 입력에 따라 7-세그먼트에 표시하는 프로그램을 작성해 보자. DIP 스위치는 한 번에 한 개씩 스위치를 누르고, 시퀀스 구조를 이용하여 어느 DIP 스위치가 커지는지 구별하도록 한다.

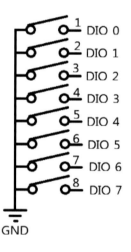

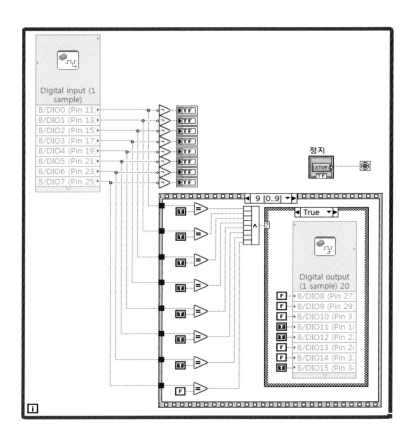

실습문제 4-3   **이진법 스위치 입력을 10진수로 표시하는 프로그램**

(1) 문제 설명

   LabVIEW 블록 다이어그램에서 숫자 0~9와 A~F을 16 포지션 회전식 DIP 스위치의 입력으로 7-세그먼트에 표시하는 프로그램을 작성하라. 각 DIP 스위치에서 받아들인 신호를 이진법으로 계산하여 10진수로 만들고, 각 숫자에 해당하는 7-세그먼트 점등을 Case 구조를 이용하여 프로그래밍한다.

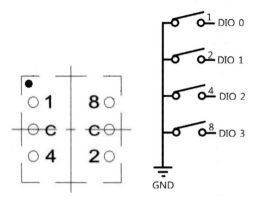

(2) LabVIEW 프로그램

아래 LabVIEW 블록 다이어그램에서 16 포지션 회전식 DIP 스위치로 입력한 이진수를 10진수로 변환하여 7-세그먼트에 표시하도록 아래 빈칸을 완성하라.

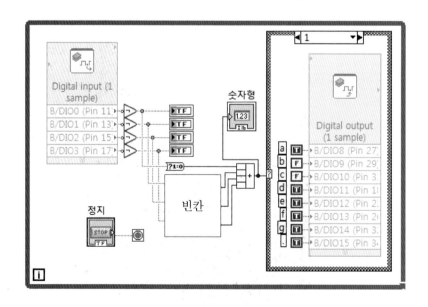

4.5 모터의 제어

1) 모터 정회전을 위한 회로도 및 프로그램

코일에 전류를 흘리면 자석이 되는 성질을 이용하여 스위치부의 접점을 닫거나 열도록 하는 것이 릴레이이다. 릴레이를 사용하여 모터를 회전할 수 있는 회로도와 배선도를 작성하고 이를 구동하기 위한 LabVIEW 프로그램을 작성하라. 이를 구성하기 위해 필요한 부품은 JZC-11F 릴레이(5v), 1N4001 정류기, ZVP211 MOSFET, 브레드 보드, 점퍼 와이어 등이다.

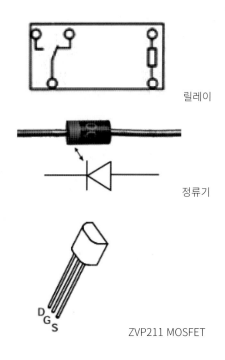

릴레이

정류기

ZVP211 MOSFET

모터와 릴레이에 연결하는 구체적인 배선도와 실제 구성하는 방법 및 프로그램은 아래와 같다.

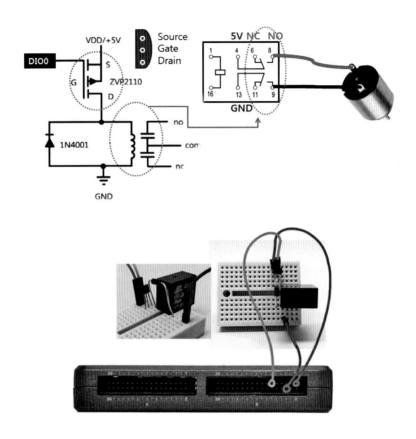

이를 구동하기 위한 LabVIEW 블록 다이어그램은 다음과 같다.

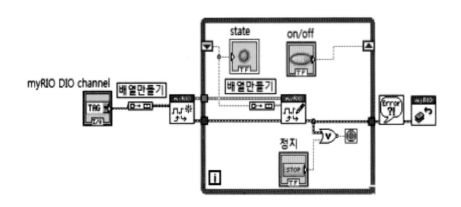

2) 모터 정회전을 위한 회로도 및 프로그램

5V 릴레이를 사용하여 한 개 모터의 정회전 및 역회전을 할 수 있는 배선도를 작성하고 이를 구동하기 위한 LabVIEW 프로그램을 작성하라.

① 간략한 배선도

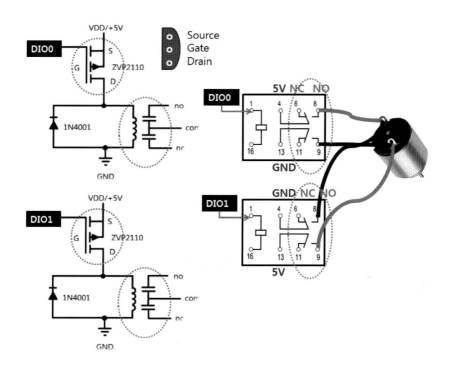

② LabVIEW 블록 다이어그램

(1) 문제 설명

릴레이를 사용하지 않고 모터 구동용 드라이브를 사용하여 모터를 구동하기 위한 LabVIEW 블록 다이어그램과 배선도를 작성하라.

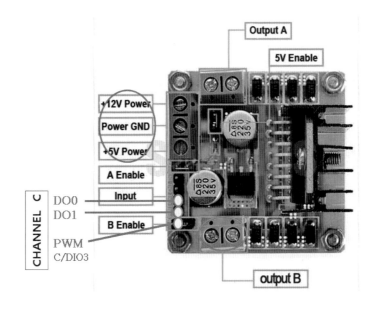

1) 적외선 거리 측정

적외선 거리 감지 센서(GP2Y0A21YK0F)를 이용하여 거리를 측정(10~80cm) 할 수 있는 회로도와 배선도를 작성하고 이를 구동하여 트렌드 차트에 나타 내기 위한 LabVIEW 프로그램을 작성하라.

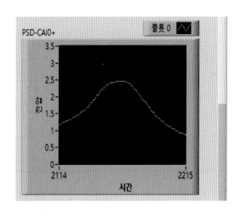
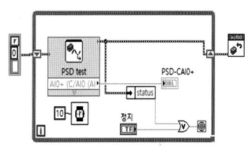

적외선 센서의 연결은 다음과 같다.

- 노란 선 : 1번 → AI0+

- 검은 선 : 2번 → GND, AI0- → GND

- 붉은 선 : 3번 → 5V

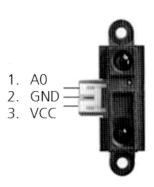

1. A0
2. GND
3. VCC

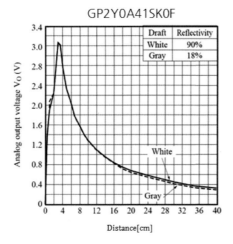

GP2Y0A41SK0F

Draft	Reflectivity
White	90%
Gray	18%

Parameter	Rating
Supply Voltage	5 VDC
Supply Current	30 mA
Measuring Range	3~30cm
Measuring Period	38.3ms
Output Voltage	0.25~2.55V

2) 스플라인 보간 함수를 이용한 거리 측정

스플라인 보간을 이용해 PDS 센서의 출력전압으로 거리를 측정하기 위해서, Function 팔레트에서 [Mathematics]-〉[Interp & Extr..]-〉[스플라인 보간]을 선택한다. 초기 경계는 0.35, 최종 경계는 2.9로 입력하고, 프로그램 종료 시 "Reset myRIO" 실행한다.

① LabVIEW 프런트 패널

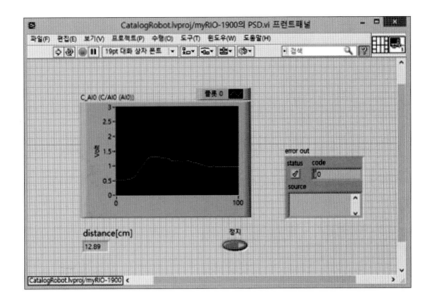

② LabVIEW 블록 다이어그램

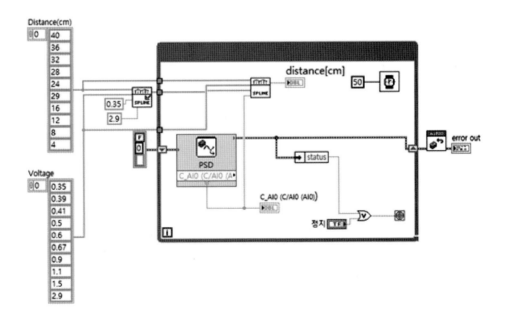

스마트공장 구축을 위한
LabVIEW 및 SCADA 프로그래밍

LabVIEW
프로그램 응용

▶ LabVIEW를 응용한 프로그램을 작성하여 실무에 적용할 수 있다.
▶ 제어 시스템을 설계하고 구성하여 실무적인 HMI를 구축할 수 있다.

5.1 압력제어 프로그램

1) 압력제어 시스템 구성

압력을 PID 제어하기 위한 LabVIEW 프로그램을 작성하라. 탱크의 공압을
제어하기 위해서 밸브 S1, S2, S3, S4, S5, S6의 각각을 On/Off 조절하고, 공압
용 제어 밸브(Control Valve)를 PID 제어기로 조절한다. 특히 전기식 누출 밸브
는 일정한 양이 누출되도록 조정하여 고정하고 진행한다.

압력실습장치

신호변환기/릴레이 배선

PCI-6010와 같은 DAQ 보드를 사용할 경우에 입출력을 위한 Analog Input, Analog Output, Digital Output의 세부적인 결선 방법은 다음과 같다.

(1) Analog Input

	+	-	Pressure
AI0	68	34	압력
AI1	33	66	온도

(2) Analog Output

	+	-	Pressure
AO0	22	55	공압밸브
AO1	21	54	누출밸브

(3) Digital Output

	DO0	DO1	DO2	DO3	DO4	DO5	DO6	DO7	DGND
밸브번호	S1	S2	S3	S4	S5	S6	S7	S8	-
핀번호	52	17	49	47	19	51	16	48	18

2) 압력제어용 LabVIEW 프런트 패널

LabVIEW로 압력을 제어하기 위한 프런트 패널을 구성하면 다음과 같다.

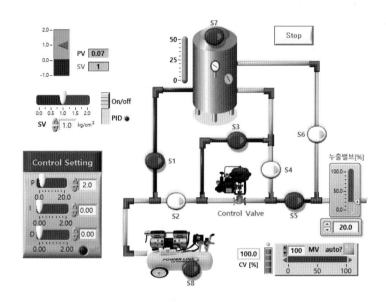

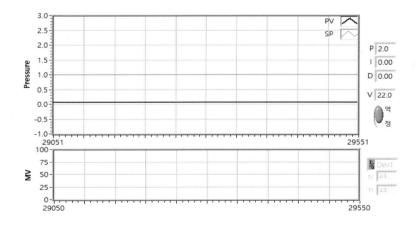

또한, MV(Manupulate Value)과 압력의 트렌트를 차트에 나타내고 정동작과 역동작에 대해서 각각 압력을 제어할 수 있도록 다음은 PCI-6013 DAQ 보드로 작성한 일부 예이다.

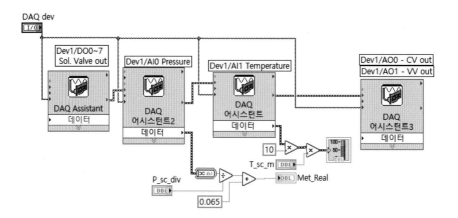

3) 압력제어용 LabVIEW 블록 다이어그램

위 압력 제어 시스템에 대해 정동작 및 역동작으로 제어하기 위해 myRIO를
이용하여 압력을 제어할 수 있도록 LabVIEW 블록 다이어그램을 작성하라.

5.2   myRIO 네트워크 프로그램

사용자 PC를 서버로 하고 myRIO를 클라인언트로 연결할 수 있는 LabVIEW 프로그램을 작성하라. 먼저 아래와 같은 프로젝틀 구성한다.

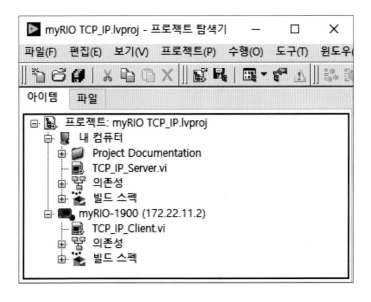

1) TCP/IP 클라이언트 프로그램

① 클라이언트 프런트 패널

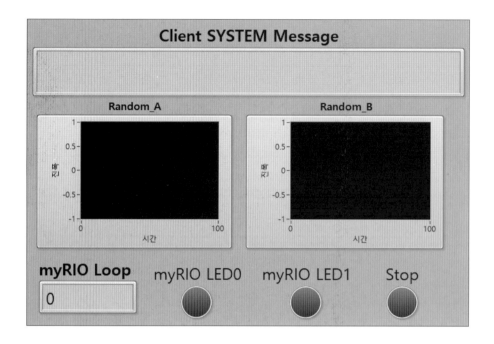

② 클라이언트 블록 다이어그램

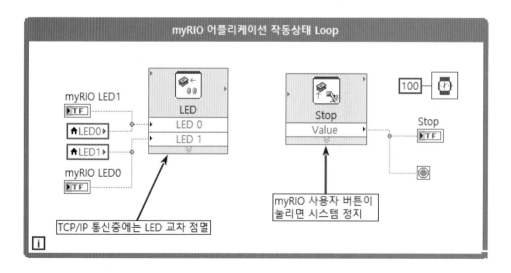

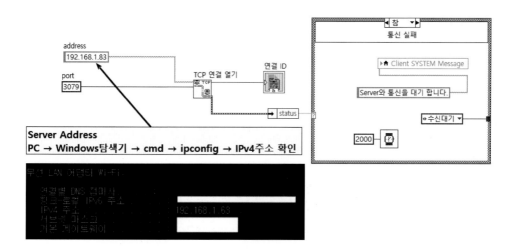

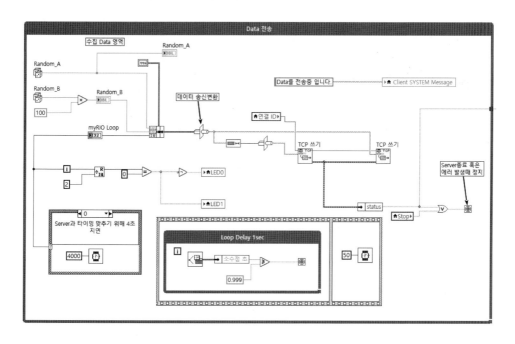

2) TCP/IP 서버 프로그램

사용자 PC를 서버로 사용하기 위한 LabVIEW 프로그램은 다음과 같다.

① 서버 프런트 패널

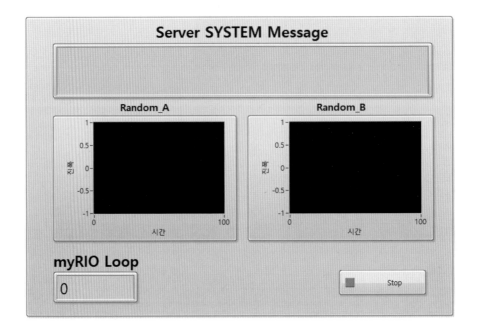

② 서버 블록 다이어그램

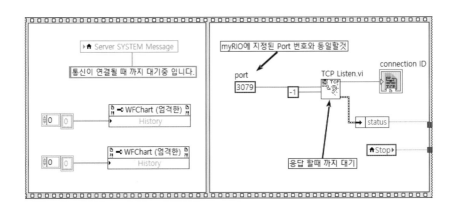

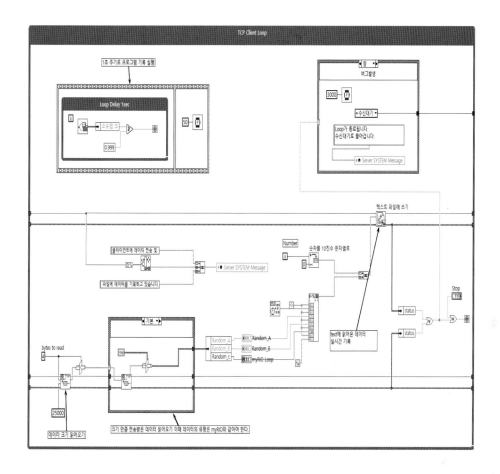

공유변수를 활용한 프로그램

(1) 문제 설명

TCP/IP를 이용한 서버-클라이언트 프로그램을 LabVIEW 프로젝트 파일
에서 myRIO에 오른쪽 버튼을 클릭하여 〈새로 만들기 - 변수〉를 선택하여
서버와 클라이언트에서 변수를 공유하도록 프로그램을 변경하여라.

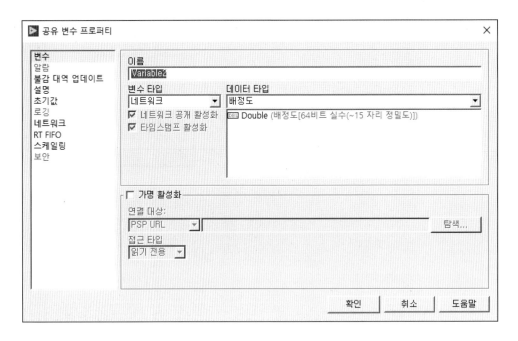

06

스마트공장 구축을 위한
LabVIEW 및 SCADA 프로그래밍

SCADA
구축 사례

▶ SCADA 특징을 이해하고 HMI 시스템을 구성할 수 있다.

▶ SCADA를 이용하여 실제적인 사례를 구현할 수 있다.

▶ SCADA을 적절하게 활용하여 원하는 시스템을 구축할 수 있다.

6.1 스마트 조립검사공정의 SCADA 구축

1) 스마트 조립검사공정 구성

스마트공장을 크게 자동화 설비, 서버, 애플리케이션으로 나뉜다. 먼저 자동화 설비에서는 그림과 같이 4개의 공정 있다. 첫 번째 공정은 편 솔레노이드를 이용해 자재를 출고하면 UR3 로봇이 잡아서 2공정 검사 단자대로 옮겨 준다. 두 번째 공정은 검사 단자대에 있는 자재를 비전 카메라를 통해 3P, 4P 인지 확인하고 만약 불량이면 불량 팔레트로 이동, 양품이면 양품 팔레트로 이동한다. 세 번째 공정은 양품 팔레트에 있는 자재들을 협동 로봇이 잡아서 스크류 체결기에 옮겨 주고 스크류 체결기에서 나사 체결을 완료하면 UR3 로봇이 순차적으로 4공정 단자대로 옮긴다. 마지막 네 번째 공정은 단자대에 있는 나사 체결이 완료된 제품이 양품인지 불량품인지 확인하고 양품이면 양품 팔레트로 옮겨 공정을 마친다. 별도로 3공정에 아두이노 진동 센서, 소음 센서를 달고 IOT로 바로 통신이 가능한 온습도를 부착하였다. DAS 서버에서는 설비 각 공정의 PLC와 공유기 IOT를 허브에 연결하여 데이터값 수집한 것을 애플리케이션으로 데이터를 내보내는 역할을 한다.

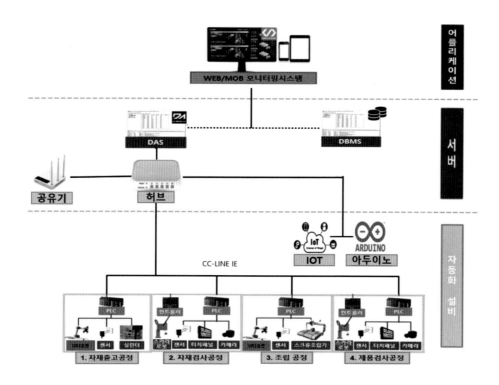

마지막으로 애플리케이션에서는 SMWP SCADA 프로그램을 이용하여 작화를 하고 DAS 서버에 있는 데이터를 받아와 적용하여 공정들의 모습을 실시간으로 모니터링 할 수 있도록 하고 통계 분석을 할 수 있게 한다.

2) 스마트공장의 네트워크 구성

네트워크 구성도는 각자 IP를 할당해 줌으로써 서로의 IP에 접속하여 서로 진행 상황을 파악하고 피드백하기 위하여 네트워크를 구성한다.

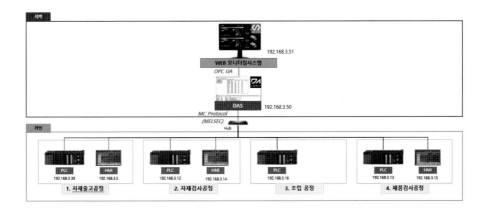

3) 스마트공장의 SCADA 구성

제 1공정에 SCADA 화면에서 전체 공정이 시작되면, 제1공정에 있는 편 솔레노이드가 움직여 자재를 출고한다. 자재를 출고하면 UR3 로봇이 티칭운전을 시작하여 자재를 제2공정 검사 단자대로 옮긴다. 제2공정 스카라 로봇에 달린 비전 카메라를 통해 단자대 유형을 판별하여 불량 단자대이면 불량 팔레트로 이동 불량이 아니면 양품 팔레트로 이동하고, 제2공정을 마치면 제3공정에 있는 UR3 로봇이 티칭운전을 시작한다. 티칭운전을 완료하면 스크류 체결기에 있는 적외선 센서가 단자대 유무를 확인하고 이상이 스크류 체결기가 나사 체결을 시작한다. 체결을 완료하면 두 번째 UR3 로봇이 티칭 운전을 시작한다. 티칭 운전을 완료하면 4공정의 스카라 로봇이 비전 카메라를 통해 불량품을 확인하고, 불량품을 확인하여 불량이면 불량 팔레트로 양품이면 양품 팔레트로 적재를 하고 공정을 마친다.

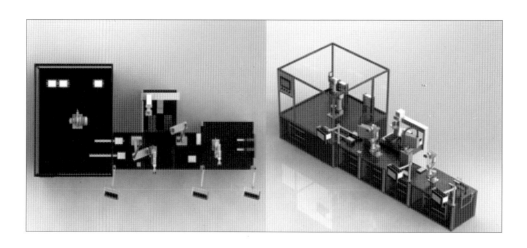

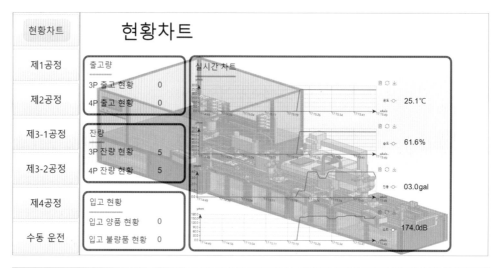

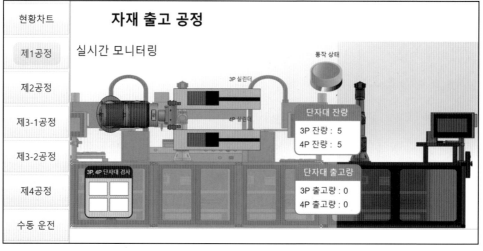

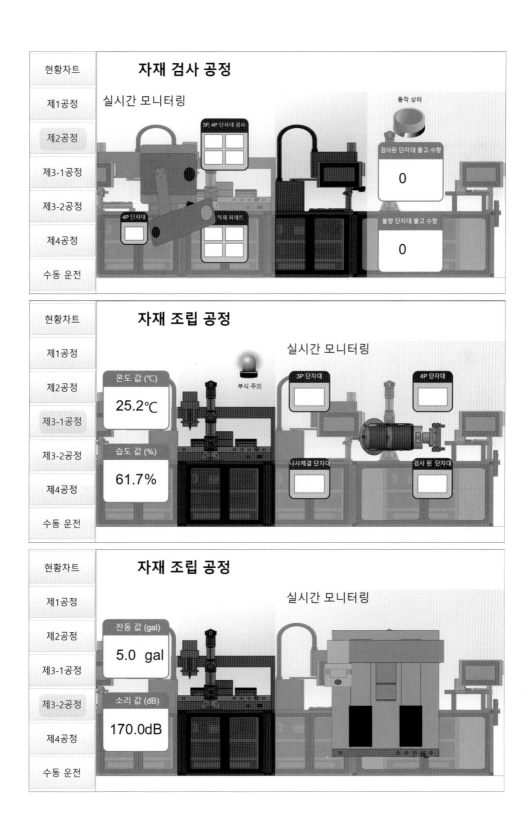

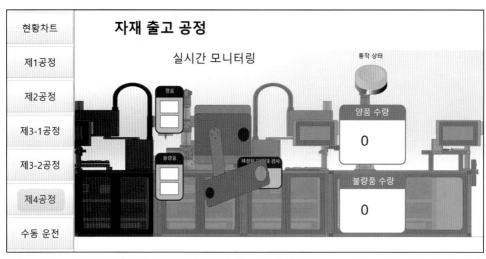

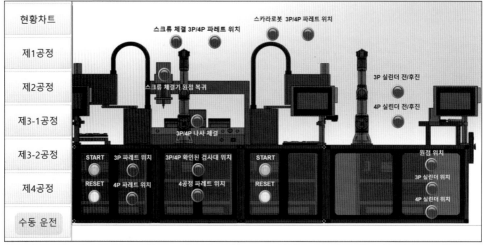

콜라 제조 과정을 한 번에 볼 수 있도록 구성, 공정 중 압력 모니터링 가능, 각 공정별 진행 시 해당 LED등 켜짐, 이상 시 모든 공정이 정지할 수 있도록 비상 정지 버튼 구현, 비상 정지 버튼을 누르면 PLC 부저가 울린다.

① GX developer 실행하고 New Project 클릭, PLC series, PLC Type 설정 후 OK

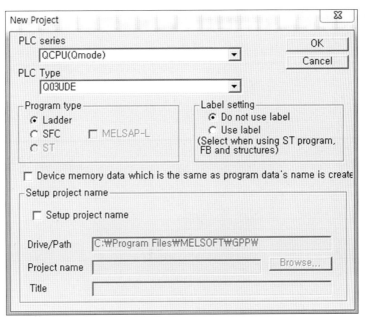

【그림 6-1】 새로운 프로젝트 생성

② 왼쪽에서 PLC parameter 클릭, Built-in Ethernet port에서 IP address 설정, Open settings에서 Host station port No 설정

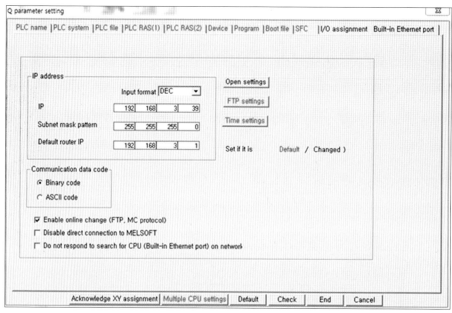

【그림 6-2】 PLC 관련 파라미터 설정

	Protocol	Open system	TCP connection	Host station port No.	Transmission target device IP address	Transmission target device port No.
1	UDP	MC Protocol		1771		
2	UDP	MC Protocol		1770		
3	TCP	MELSOFT connection				
4	TCP	MELSOFT connection				
5	TCP	MELSOFT connection				
6	TCP	MELSOFT connection				
7	TCP	MELSOFT connection				
8	TCP	MELSOFT connection				
9	TCP	MELSOFT connection				
10	TCP	MELSOFT connection				
11	TCP	MELSOFT connection				
12	TCP	MELSOFT connection				
13	TCP	MELSOFT connection				
14	TCP	MELSOFT connection				
15	TCP	MELSOFT connection				
16	TCP	MELSOFT connection				

【그림 6-3】 이더넷 포트 오픈 설정

③ Online에서 Read from PLC, Write to PLC 설정

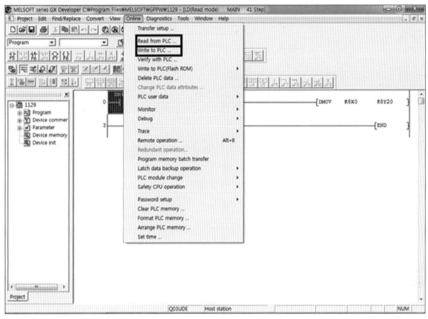

【그림 6-4】 MELSOFT PLC 설정

④ 사이먼을 실행하고 왼쪽의 I/O 디바이스를 누른 뒤 새 디바이스 클릭,
이름을 정하고 미쓰비시 – MELSEC Ethernet (AJ71E71) 선택 후 확인

【그림 6-5】 I/O 디바이스 종류 선택

⑤ 스테이션 추가를 누르고 종류 – Q series, 어드레스 주소 입력, 통신 포
트에서 소켓 포트 번호, IP 어드레스 설정, 통신 블록 추가를 눌러 통신
블록 등록

【그림 6-6】 MELSEC 이더넷 설정

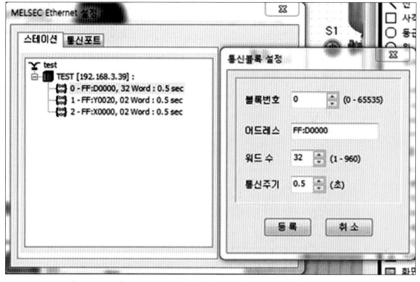

【그림 6-7】 MELSEC 이더넷 스테이션 및 통신 포트 설정

⑥ PLC 연결 구성

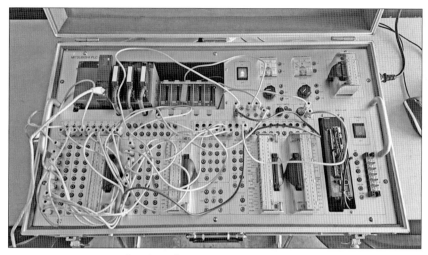

【그림 6-8】 MELSEC PLC 연결 구성

⑦ PLC-SCADA 화면 작도

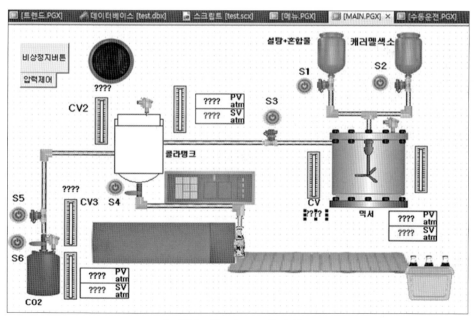

【그림 6-9】 SCADA 화면 작도

⑧ SCADA 수동 화면 작도

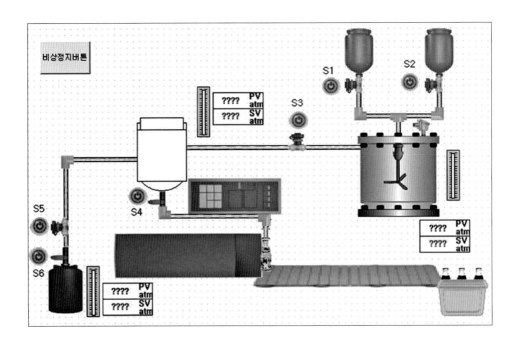

⑨ SCADA 데이터베이스 구성

이름	종류	디바이스	어드레스	초기값
트렌드	그룹			
CV	아날로그			0
CV1	아날로그			0
CV2	아날로그			0
비상정지부저	디지털	TEST.TEST	x07	0
수동운전SW1	디지털	TEST.TEST	X01	0
수동운전SW2	디지털	TEST.TEST	X02	0
수동운전SW3	디지털	TEST.TEST	X03	0
수동운전SW4	디지털	TEST.TEST	X04	0
수동운전SW5	디지털	TEST.TEST	X05	0
수동운전SW6	디지털	TEST.TEST	X06	0
자동운전SW	디지털	TEST.TEST	X00	0
자동운전LED	디지털	TEST.TEST	y20	0
ANA1	아날로그	! TEST.TEST	y21	0
ANA2	아날로그	! TEST.TEST	y22	0
ANA3	아날로그	! TEST.TEST	y22	0
ANA1SV	아날로그	! TEST.TEST	y22	0
ANA2SV	아날로그	! TEST.TEST	y22	0
ANA3SV	아날로그	! TEST.TEST	y22	0

⑩ SCADA 스크립트 프로그래밍

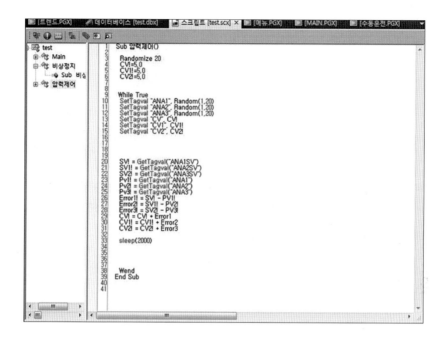

⑪ SCADA 스크립트 결과 화면

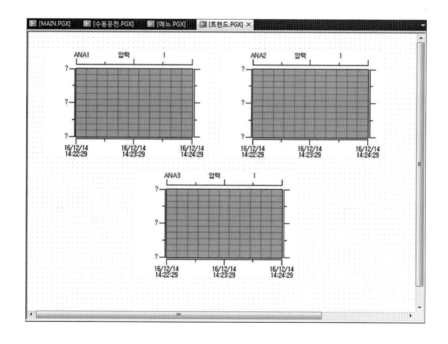

6.3 신호등 제어의 SCADA 구축

① SCADA 화면 작도

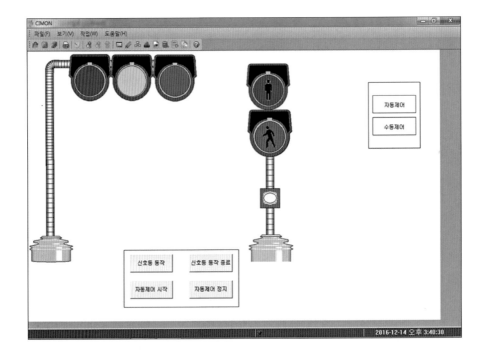

② SCADA 시스템 순서도

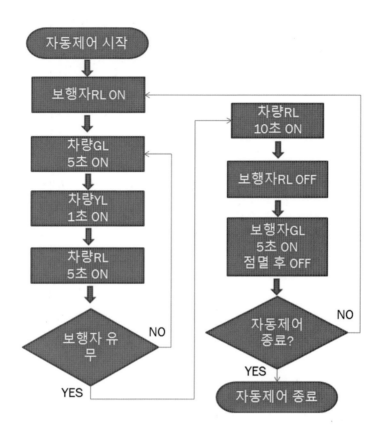

③ SCADA 입력변수 및 출력변수 활당

입력변수	변수 이름	출력변수	변수 이름
X00	감지 센서	Y20	차량RL
		Y21	차량YL
		Y22	차량GL
		Y23	보행자RL
		Y24	보행자GL

④ SCADA 스크립트 프로그래밍

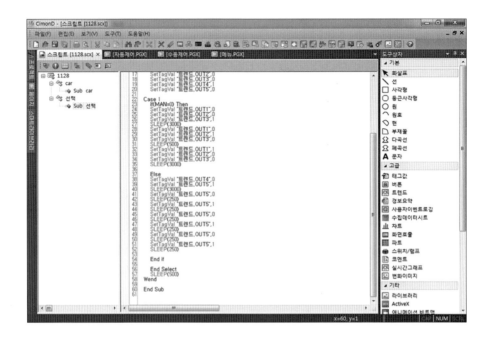

⑤ PLC-SCADA 하드웨어 구성

⑥ CIMON SCADA와 미쯔비시 PLC Ehternet 통신 방법

싸이먼 홈페이지로 이동 http : //www.cimon.com/

patch(1).zip 다운받아 알집을 풀고 파일들을 C드라이브 -〉 CIMON -〉
SCADA 폴더에 덮어씌우고, 이더넷 통신이 가능한 버전의 GX Developer 프
로그램, 미쯔비시 USB 드라이버 프로그램도 필요하다.

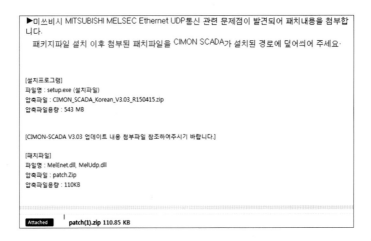

⑦ Gx developer 설정

• Project -〉 new project -〉 Q CPU(Q mode) 선택 -〉 Q03UDE 선택 -〉 OK

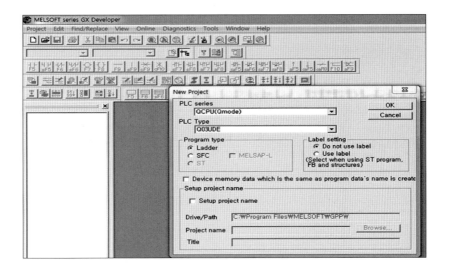

* PLC 이름 뒤에 E가 붙은 모델은 ethernet 통신이 가능한 모델 : E가 붙지 않은 모델은 이더넷 통신이 불가능

• 시리얼 포트로 PLC와 컴퓨터 연결 ->> online ->> Read from PLC ->> 전부 선택 ->> execute->> close 왼쪽의 PLC parameter ->> Built-in Ethernet port에서 PLC의 ip 확인 후 사진과 같이 설정

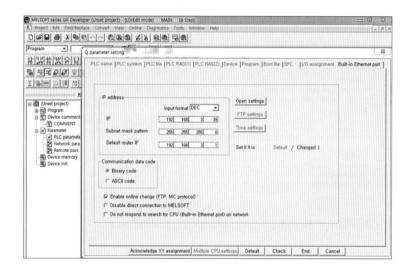

• Open settings 클릭 ->> HEX 선택 ->> 1번 UDP, MC Protocol, 1770로 설정 2번 UDP, MC Protocol, 1771로 설정 ->> End

Online ->> Write to PLC ->> 전부 선택 ->> execute ->> PLC 전원 끄고 다시 켜기

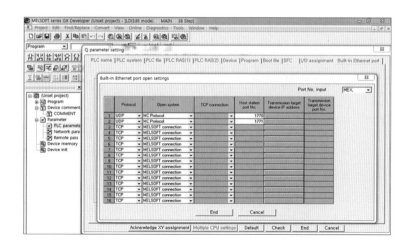

⑧ 네크워크 설정

- 랜으로 PLC와 컴퓨터 연결 -〉 네트워크 및 공유 센터 열기 -〉 로컬 영역 연결 2 클릭

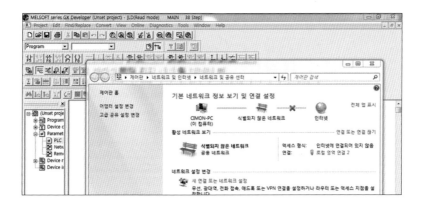

- 속성 -〉 Internet Protocol Version 4 (TCP/IPv4) -〉 다음 ip 주소 사용 선택 -〉 ip 주소 192.168.3.?? (맨 뒤 숫자 2자리는 1~100 중 원하는 번호 입력) -〉 서브넷 마스크 255.255.255.0 -〉 확인

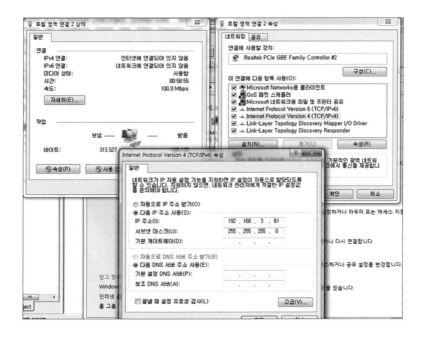

⑨ CIMON-D 설정

- 왼쪽 I/O 디바이스 -〉 새 디바이스 -〉 디바이스 이름 입력 -〉 MITSUBISHI
  MELSEC Ethernet(AJ71E71) 선택 후 확인

- 스테이션 추가 -〉 스테이션 이름 입력 -〉 Q series - CPU 선택 -〉 PLC
  의 ip 주소 입력 -〉 등록

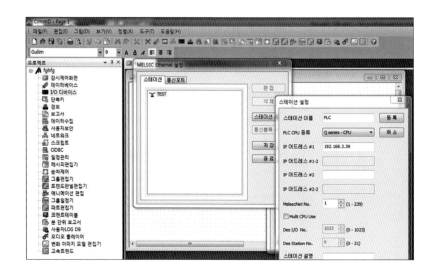

- 통신 포트 -> 소켓 포트 번호 6000 입력 -> 네트워크 및 공유 센터에서 설정한 IP 주소 입력 -> UDP 선택 -> 저장

- 통신 블록 추가 -> 어드레스 X00 입력 -> 워드 수 2 입력 -> 등록

- 통신 블록 추가 -〉 어드레스 Y20 입력 -〉 워드 수 2 입력 -〉 등록 -〉
  저장

스마트공장 구축을 위한
LabVIEW 및 SCADA 프로그래밍

SCADA
구축 실무

SCADA 구축 실무

▶ 스마트 홈을 구성하고 이를 SCADA로 구현할 수 있다.
▶ 스마트 휠체어를 구성하고 SCADA로 실제적인 사례를 구현할 수 있다.
▶ 반도체 확산 공정을 구성하고 원하는 SCADA 시스템을 구축할 수 있다.

7.1 스마트 홈의 SCADA 구축

    스마트 홈을 구성하기 위한 시스템을 구성하고 구체적으로 구현할 수 있는 방안을 단계별로 진행한다. 특히 리미 스위치, 키보드, 포토 인터럽터 등 각종 센서 데이터로부터 제어기로 송신하여 SCADA를 구성하고 이를 통해 원하는 동작(조명, 도어락, 커튼, 멀티콘센트 등)을 구현하도록 한다. 간략한 시스템 구성도는 다음 그림과 같다.[1]

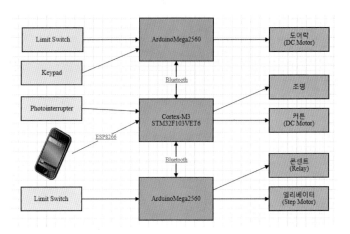

---

1) 이사성팀, "스마트 홈," 네이버카페〉캡스톤디자인〉자료실〉3760 최종보고서

스마트 홈을 구성하기 위한 세부적인 시스템은 아래와 같이 제작할 수 있다. 각 부분별 구성에 대한 센서와 구동기의 결선은 다음과 같다.

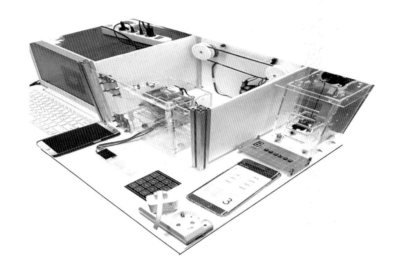

① 커튼과 조명의 결선도　　　　② 승강기 및 콘센트의 결선도

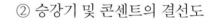

③ 도어락의 결선도

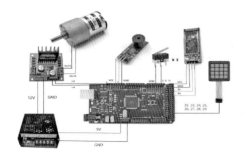

스마트 홈의 SCADA 프로그래밍

앞에서 설명한 스마트 홈에 대한 SCADA 프로그램을 작성하라. 커튼 제어, 콘센트 제어, 도어락 제어, 엘리베이터 제어 등의 기본적인 구성을 기반으로 해서 팀별로 또는 개인별로 시스템의 구성을 변경하거나 재구성해서 새로운 스마트 홈을 구성해서 SCADA 프로그램을 작성해도 가능하다.

7.2 스마트 휠체어의 SCADA 구축

전동 휠체어를 사용자 편의를 고려한 스마트 휠체어를 구성하기 위한 구체적인 방안을 단계별로 생각해 보자. 기존에 병원에서 사용되는 전동 휠체어의 문제점을 개선하고 안전하고 효율적으로 사용할 수 있는 스마트 휠체어를 설계하여 제작할 수 있는 기구를 아래와 같이 구성한다.

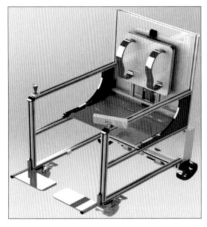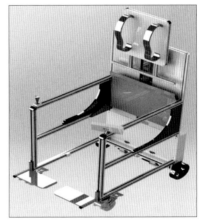

왼쪽은 주행을 위해 휠체어 모드로 했을 때 등받이와 의자가 아래로 내려와 있고, 오른쪽은 보행을 위해서 등받이와 의자가 위로 올려진 스마트 휠체어이다. 설정한 주행 모드에 따라 기구가 변경될 수 있도록 등받이와 연결된 LM 가이드와 슬라이드를 이용한다. LM 가이드에 연결된 모터가 구동됨에 따라 휠체어의 모양이 자동으로 바뀌도록 한다.

환자나 노년층에서 주로 사용되는 보행보조기의 장점으로 가볍고 방향 전환이 편한 장점이 있다. 그러나 단점으로는 오랜 시간을 걷거나, 다리가 아플 때 쉬어가야 한다. 이러한 단점을 고려하여 전동 휠체어의 편의성을 높이고,

동시에 안전성을 생각하여 내부 회로는 아두이노와 ESP8266 (WIFI 모듈)을 이용하여 SCADA와 연동하고, 웹 서버를 구축하여 스마트폰 앱과 인터넷으로 연동하도록 구성하고 또한 실시간으로 환자의 심박 수와 운동량을 언제나 어디서나 확인할 수 있도록 구성한다. 데이터베이스를 이용하여 환자의 운동량과 심박 수를 저장하고 그 데이터들을 관리 및 보관할 수 있도록 한다. 스마트 휠체어 내 왼쪽 손잡이 앞에 LATTE PANDA 터치스크린을 배치해, 사용자 또한 심박 수나 운동량을 실시간으로 확인할 수 있다.

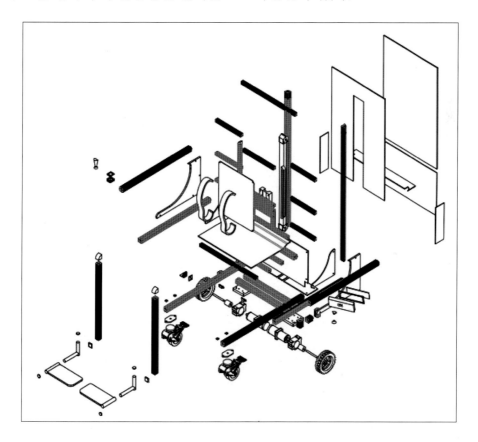

스마트 전동 휠체어의 SCADA를 구성하고 이를 통해 원하는 동작을 구현하도록 한다. 이를 세부적으로 나타낸 시스템 구성도는 다음 그림과 같다.[2]

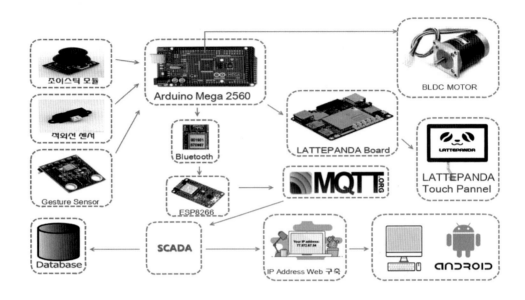

이를 구현하기 위한 입력(제스처 센서, 적외선 센서, 조이스틱 등)과 출력(DC, BLDC 모터 등)에 대한 개략적인 연결은 아래 그림과 같다.

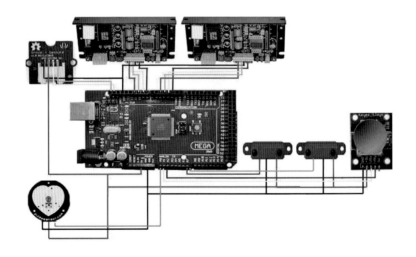

2) 지능형로봇팀, "스마트 전동 휠체어," 네이버카페〉캡스톤디자인〉자료실〉3657

SCADA 화면을 아래와 같이 실시간 모니터링, 앱 연동 및 웹서버, 데이터베이스 연동을 위한 메뉴로 구성한다.

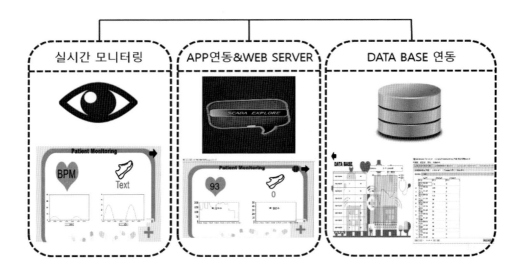

LATTE PANDA에서 비주얼 C#을 이용하여 사용자 화면을 구성하여 독립적으로 구동할 수 있고, 여기에 현재 날짜와 시간을 나타내고 BPM에는 사용자의 심박 수를 실시간으로 나타낼 수 있다.

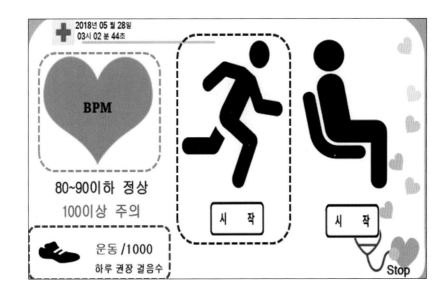

아두이노 Wifi 모듈을 사용하여 IP 주소를 구축하여 MQTT BROKER를 이용해 사용자가 PC로 환자의 실시간 상황과 데이터 관리를 원격으로도 이용할 수 있다. 또한, 아두이노의 string형의 데이터를 char형으로 변환하여 데이터를 보내고 SCADA에서 데이터를 받도록 한다. 추가로 웹서버를 구축하여 SCADA의 화면을 다른 스마트폰 앱에서도 모니터링 가능하도록 한다.

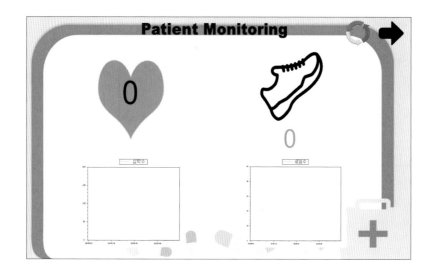

데이터베이스에 저장된 데이터들을 한눈에 보기 쉽게 SCADA에서 리스트 뷰와 혼합형 차트 형태로 아래와 같이 나타낸다.

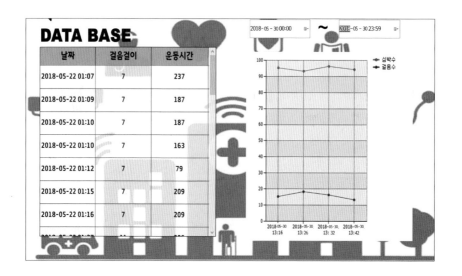

스마트폰에서 목표 거리나 운동 시간 목표를 설정할 수 있도록 아래 왼쪽과 같이 나타내고, 이를 달성했을 때 아래 오른쪽과 같은 화면이 나타날 수 있도록 구성한다.

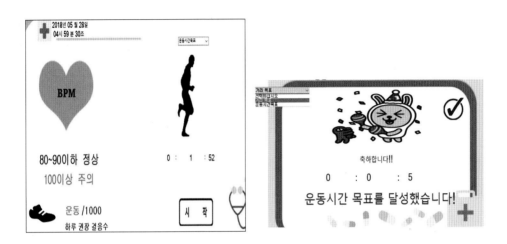

실습문제 7-2 　스마트 휠체어의 SCADA 프로그래밍

　　스마트 휠체어에 대한 SCADA 프로그램을 작성하라. 기본적인 구성을 기반으로 해서 팀별로 또는 개인별로 시스템의 구성을 변경하거나 재구성해서 변경된 스마트 휠체어를 구성해서 SCADA 프로그램을 작성해도 가능하다.

7.3 반도체 확산 공정의 SCADA 구축

1) 반도체 확산 공정의 하드웨어 구성

반도체 확산 공정 및 검출 공정에 대한 시스템 구성을 위한 세부적인 방안을 단계별로 생각해 보자. 기존에 실무에서 사용되는 반도체 확산 공정 및 검출 공정의 문제점을 찾아서 개선하고 효율적으로 유지 보수할 방안을 찾기 위하여 아래와 같은 반도체 공정을 구성하여 제작한다.

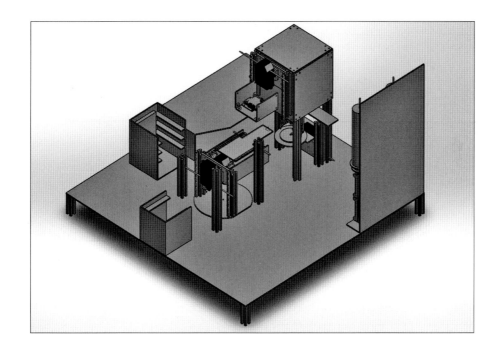

반도체 확산 공정 및 검출 공정에 대한 SCADA를 구성하고 이를 통해 원하는 동작을 구현하도록 한다. 이를 세부적으로 나타낸 시스템 구성도는 다음 그림과 같다.[3]

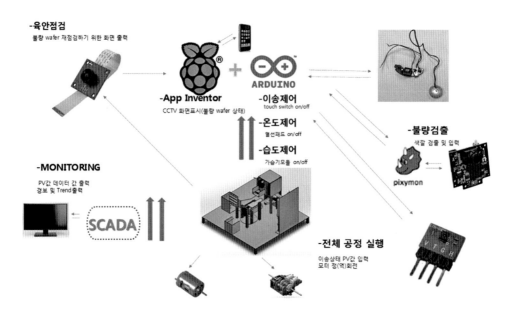

2) 회로 구성

타미야 모터 및 DC 모터의 속도 제어 및 구동을 위해 모터 드라이버와 아두이노를 연결하여 PWM 프로그램을 이용하여 제어하였다. 온도 제어 및 기체 제어를 위해서 MOSFET을 이용하여 ON/OFF 제어를 하였고 DHT11 센서 값을 아날로그로 받아 시리얼 모니터로 받아 온도가 어느 정도까지 상승하는지 확인하였고, 최고 온도를 활용하여 설정 온도(SET VALUE)를 설정하고, 아두이노 DHT11 라이브러리를 이용하여 가습기 모듈과 연동하여 ON/OFF를

---

3) 아모르파티팀, "반도체 확산공정," 네이버카페〉캡스톤디자인〉자료실〉3655

제어하였다. 리밋 스위치는 digital pin에 연결하여 true/false를 활용하여 이송제어를 하였다. 아래에는 출력부 회로부와 입력부 회로부를 나누어 작성하였고, 입출력 구조를 한눈에 볼 수 있도록 IO 리스트를 작성하였다.

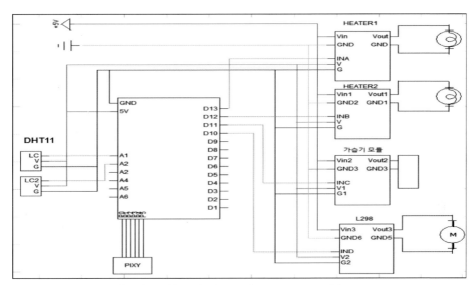

【그림 7-1】 모터 및 모스펫(열선 패드&가습기) 회로도

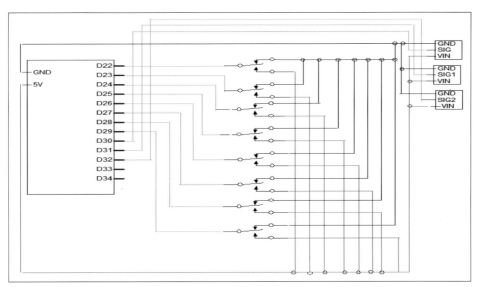

【그림 7-2】 리밋 스위치 & DHT11 회로도

3) SCADA 프로그래밍

아두이노로 웨이퍼 이송, 확산 공정에 필요한 온도를 제어하며 기체 주입을 위한 가습기 모듈을 제어하고 정확한 기체량을 조절하기 위해 습도제어도 병행한다. 또한, 불량 검출을 위해 픽시 카메라를 이용하여 웨이퍼의 확산을 감지할 수 있는 색 변화를 인지하게 하고 웨이퍼의 불량을 검출한다. 또한, 이러한 과정을 라즈베리파이에 연결된 카메라 모듈을 이용하여 모든 과정을 육안으로 볼 수 있게 스마프폰 앱을 활용하며 SCADA를 활용하여 모든 공정을 제어하고 온도 및 습도, 불량 웨이퍼가 검출되었는지를 컴퓨터 화면으로 모니터링하고 제어한다.

① 홈 화면 : SCADA 시작 화면으로 메뉴의 클릭을 통해 각 공정의 모니터링을 가능하도록 한다. 우측 상단에는 화면 이동, 홈 화면, 트렌드 차트, 종료 버튼으로 구성한다.

② 이송 공정 화면: 각 리밋 스위치의 ON/OFF 데이터 값을 받아 현재 공정 진행의 위치를 알 수 있고, 웨이퍼의 이송 상황을 모니터링 할 수 있다.

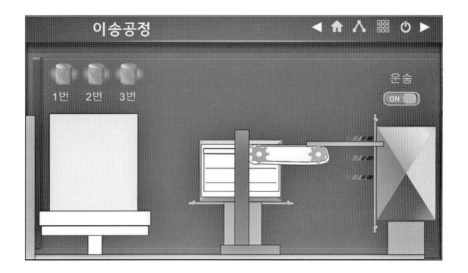

③ 확산 공정 화면: 실질적인 MQTT 통신을 받는 화면으로 set value와 present value를 모니터링 할 수 있게 태그 값을 sting 태그 값으로 설정하고 MQTT 브로커를 이용하여 wifi 모듈로 받은 아두이노 센서 값을 받아 모니터링한다.

④ 검출 공정 : 불량 웨이퍼 및 정상 웨이퍼 캐리어에 설치된 리밋 스위치를
통하여 불량 웨이퍼인지, 정상 웨이퍼인지 모니터링할 수 있다.

SCADA로 MQTT 통신을 통하여 공정을 시작하게 하고, 센서 값을 받아 작
화 데이터 값을 STRING 태그 값으로 받아 모니터링할 수 있도록 한다. 아두
이노에서 받은 아날로그 센서 값을 SCADA의 STRING 태그 값으로 받기 전에
사용자가 실시간 데이터 값을 쉽게 확인하기 위해 여러 화면으로 구성한다.

라즈베리파이와 연결된 카메라 모듈을 통하여 불량 웨이퍼를 멀리서도 육
안으로 재점검할 수 있도록 설정한다. 라즈베리파이에 무선랜을 설정하고
웹 스트리밍을 구축하여 카메라 모듈의 화면을 웹 서버로 이동시키고 앱 인
버터를 통하여 안드로이드 앱 모바일로 확인이 가능하도록 구축한다. 라즈
베리파이로 웹 서버를 구축하기 위해 MOTION EYE 패키지를 라즈베리파이
에 설치한다.

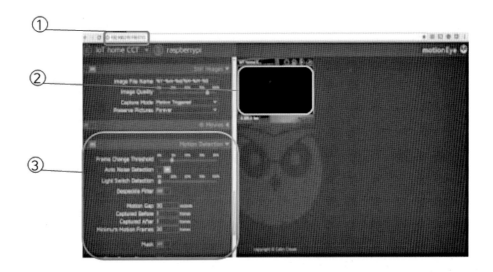

① IP 주소: 라즈베리파이로 접속한 무선 LAN IP이다. 앱 인버터에서 접속할 때 활용한다.

② PI 카메라로 찍히고 있는 화면이다. 이 화면을 통해 불량 웨이퍼를 육안으로 재점검한다.

③ 여러 가지 설정할 수 있는 설정 창이다. 녹화, 캡처 등도 포함되어 있다.

반도체 확산 공정에 대한 SCADA 프로그램을 작성하라. 기본적인 구성을 기반으로 해서 팀별로 또는 개인별로 시스템의 구성을 변경하거나 재구성해서 변경된 반도체 확산 공정을 구성해서 SCADA 프로그램을 작성해도 가능하다.

스마트공장 구축을 위한
LabVIEW 및 SCADA 프로그래밍

산업용 SCADA 시스템 구축

▶ 스마트 비닐하우스 시스템을 구성하고 이를 SCADA로 구현할 수 있다.

▶ 스마트 빌딩 관리 시스템을 구성하고 이를 SCADA로 구현할 수 있다.

▶ 스마트 발전소 관리 시스템을 구성하고 이를 SCADA로 구축할 수 있다.

8.1 비닐하우스 SCADA 구축

비닐하우스를 관리하기 위한 세부 시스템을 구성하기 위한 방안을 단계별로 생각해 보자. 기존의 비닐하우스에서 온도, 공기 습도, 토양 습도 등을 수동으로 관리하며 발생하는 여러 가지 문제점을 개선하고 효율적으로 운영할 수 있는 스마트 비닐하우스 SCADA의 메인 화면을 구성하면 아래와 같다.[1]

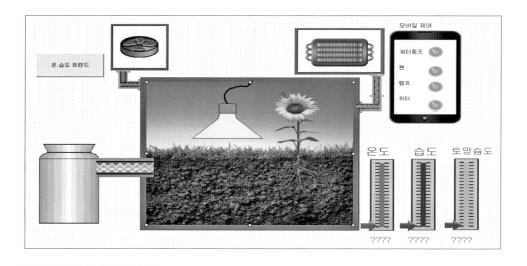

---

1) 양성규, "비닐하우스." SCADA 적용사례 제어공학 과제, 2017.

실시간 온도와 습도의 값에 따라서 팬이나 히터를 조절해서 원하는 상태로 비닐하우스를 유지하도록 SCADA를 구성하고, 이를 스마트폰에서도 모니터링하고 제어할 수 있는 시스템을 제작할 수 있다.

다른 형태의 비닐하우스에 대한 SCADA 시스템을 구성하면 다음과 같이 메뉴, 트렌트 차트, 각종 스위치 및 설비들을 관리하고 운영할 수 있다.[2]

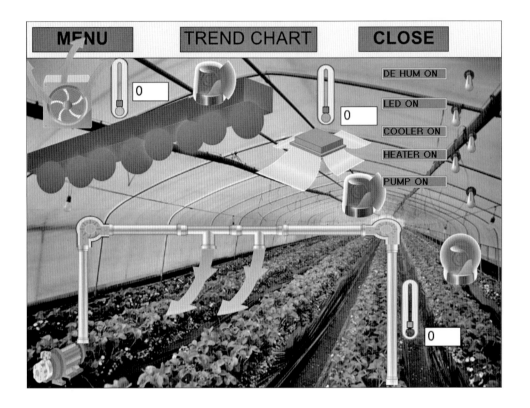

비닐하우스에서 디지털 값은 LED, Cooler, Heater, Pump, 팬 등이고, 아날로그 값은 온도, 습도, 조도, 모터 등이다. 다수의 디지털 입력과 출력, 아날로그 입력과 출력을 동시에 측정하고 제어할 수 있는 SCADA 시스템을 구성할 때 가장 효율적인 스마트 비닐하우스를 관리할 수 있다.

---

2) 한성호 외, "미니비닐하우스," SCADA 적용사례 제어공학 과제, 2017.

비닐하우스를 효과적으로 관리하기 위한 SCADA 프로그램을 작성하라. 기본적인 구성을 기반으로 해서 팀별로 또는 개인별로 시스템의 구성을 변경하거나 재구성해서 변경된 스마트 비닐하우스를 구성해서 SCADA 프로그램을 작성해도 가능하다.

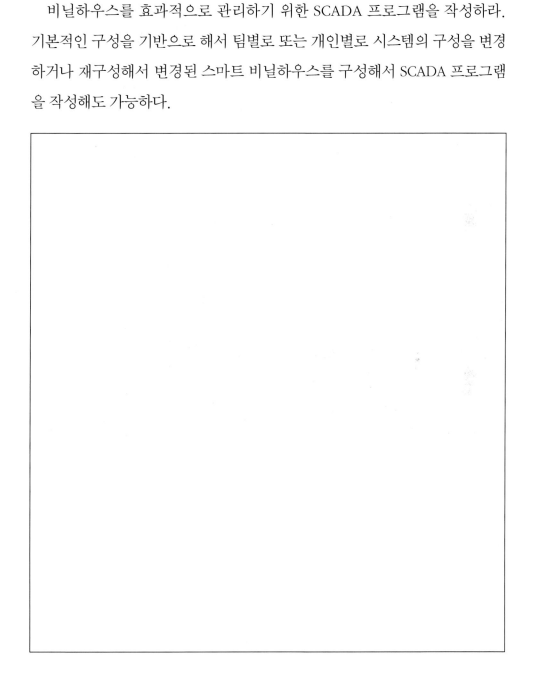

8.2 발전소 관리 SCADA 구축

　화력발전소를 효율적으로 운영하기 위해서 등 세부 시스템을 구성하기 위한 방안을 단계별로 생각해 보자. 기존의 빌딩에서 수동으로 관리하던 여러 가지 문제점을 개선하고 효율적으로 운영할 수 있는 스마트 빌딩 관리 SCADA 시스템의 메인 화면을 구성하면 아래와 같다.[3]

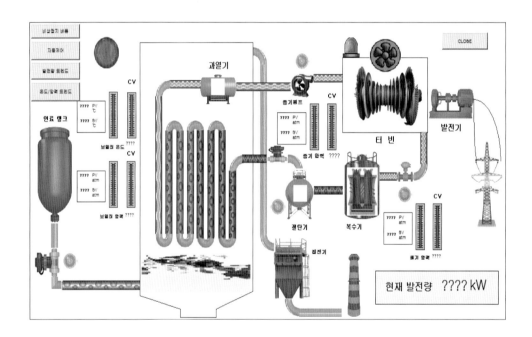

　디지털 변수로 연료 공급, 비상 정지, 증기 펌프, 배기 제어, 절탄기 제어를 사용하고 아날로그 값으로는 발전량, 보일러 온도, 보일러 온도 SV, 보일러 온도 CV, 보일러 압력, 보일러 압력 SV, 보일러 압력 CV, 증기 압력, 증기 압력 SV, 증기 압력 CV, 배기 압력, 배기 압력 SV, 배기 압력 CV를 사용한다.

---

3) 이진욱 외1, "화력발전소," SCADA 적용사례 과제, 2017.

아래와 같은 스크립트를 작성하여 보일러 온도, 보일러 온도, 배기 압력, 보일러 압력 등에 측정한 현재값과 목표값을 이용하여 현재의 오차를 계산한다. 이 값을 이용하여 온도와 압력 등에 대한 기초 실력을 갖추어야 한다.

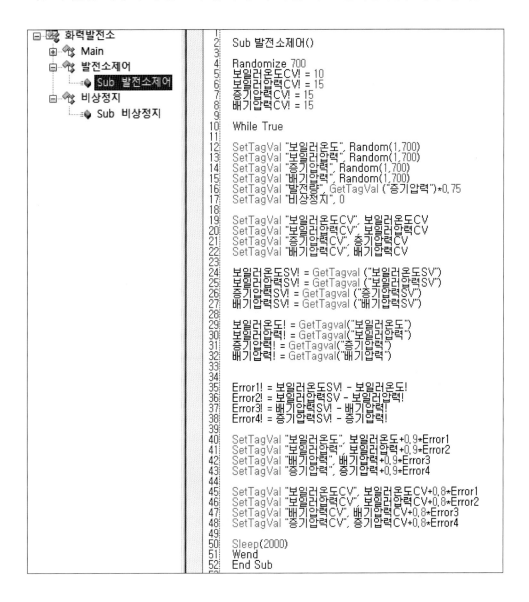

```
1
2   Sub 발전소제어()
3
4   Randomize 700
5   보일러온도CV! = 10
6   보일러압력CV! = 15
7   증기압력CV! = 15
8   배기압력CV! = 15
9
10  While True
11
12  SetTagVal "보일러온도", Random(1,700)
13  SetTagVal "보일러압력", Random(1,700)
14  SetTagVal "증기압력", Random(1,700)
15  SetTagVal "배기압력", Random(1,700)
16  SetTagVal "발전량", GetTagVal ("증기압력")*0.75
17  SetTagVal "비상정지", 0
18
19  SetTagVal "보일러온도CV", 보일러온도CV
20  SetTagVal "보일러압력CV", 보일러압력CV
21  SetTagVal "증기압력CV", 증기압력CV
22  SetTagVal "배기압력CV", 배기압력CV
23
24  보일러온도SV! = GetTagval ("보일러온도SV")
25  보일러압력SV! = GetTagval ("보일러압력SV")
26  증기압력SV! = GetTagval ("증기압력SV")
27  배기압력SV! = GetTagval ("배기압력SV")
28
29  보일러온도! = GetTagval("보일러온도")
30  보일러압력! = GetTagval("보일러압력")
31  증기압력! = GetTagval("증기압력")
32  배기압력! = GetTagval("배기압력")
33
34
35  Error1! = 보일러온도SV! - 보일러온도!
36  Error2! = 보일러압력SV - 보일러압력!
37  Error3! = 배기압력SV! - 배기압력!
38  Error4! = 증기압력SV! - 증기압력!
39
40  SetTagVal "보일러온도", 보일러온도+0.9*Error1
41  SetTagVal "보일러압력", 보일러압력+0.9*Error2
42  SetTagVal "배기압력", 배기압력+0.9*Error3
43  SetTagVal "증기압력", 증기압력+0.9*Error4
44
45  SetTagVal "보일러온도CV", 보일러온도CV+0.8*Error1
46  SetTagVal "보일러압력CV", 보일러압력CV+0.8*Error2
47  SetTagVal "배기압력CV", 배기압력CV+0.8*Error3
48  SetTagVal "증기압력CV", 증기압력CV+0.8*Error4
49
50  Sleep(2000)
51  Wend
52  End Sub
```

발전소를 효과적으로 관리하기 위한 SCADA 프로그램을 작성하라. 기본적인 구성을 기반으로 해서 팀별로 또는 개인별로 시스템의 구성을 변경하거나 재구성해서 변경된 스마트 발전소를 구성해서 SCADA 프로그램을 작성해도 가능하다.

빌딩을 효율적으로 운영하기 위해서 수도 관리, 전력 관리, 가스 관리, 주차 관리 등 세부 시스템을 구성하기 위한 방안을 단계별로 생각해 보자. 기존의 빌딩에서 수동으로 관리하던 여러 가지 문제점을 개선하고 효율적으로 운영할 수 있는 스마트 빌딩 관리 SCADA 시스템의 메인 화면을 구성하면 아래와 같다.[4]

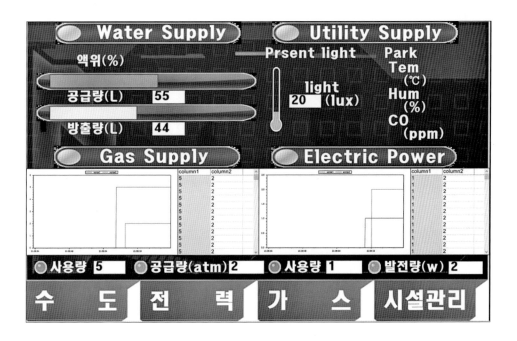

맨 아래에 있는 메뉴, 수도, 전력, 가스, 시설관리를 클릭하면 별도의 윈도우 창에 각각의 관리 시스템이 나타나고 해당 내용을 관리할 수 있다.

---

4) 허선우 외1, "주택관리시스템," SCADA 적용사례 과제, 2017.

- 수도 관리 시스템
- 전력 관리 시스템
- 가스 관리 시스템
- 시설 관리 시스템 : 조명 관리, 주차장 관리

    스마트 빌딩 관리에 대한 SCADA를 구성하고 이를 통해 원하는 동작을 구현하도록 한다. 메인 화면에서 세부 메뉴로 구성한 수도, 전력, 가스, 시설관리를 선택하면 다음과 같은 화면이 각각 나타난다. 먼저 수도 관리 시스템에 대한 모니터링 화면이다.

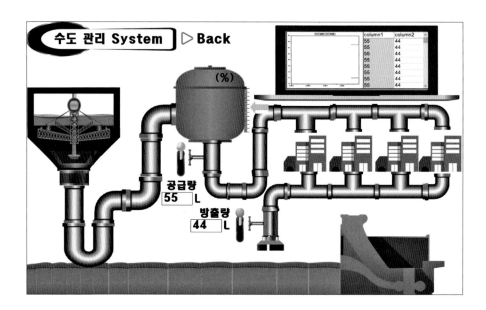

다음으로 전력 관리 시스템 화면으로 이동하면 다음과 같이 나타난다. 자가 발전량(Kw 단위)이나 전력 사용량을 입력하거나 자동으로 측정해서 나타낸다.

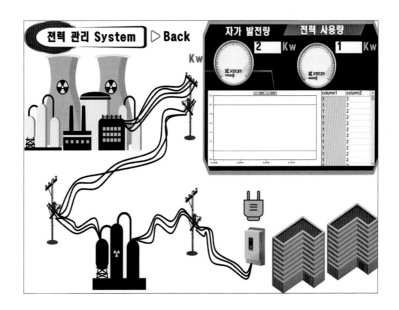

가스 관리 시스템에 대한 SCADA 화면에서 공급량(atm)과 사용량을 입력 하면 트렌드 차트에 변화를 나타낸다.

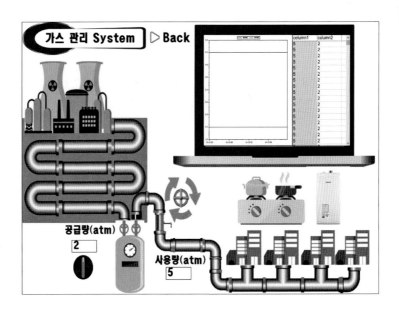

메인에서 시설관리를 선택하면 아래와 같이 빌딩의 위치를 지도에 나타내고 해당 빌딩의 야외 조명을 제어하는 버튼들이 있고, 정문 조명, 벽면 조명, 옥상 조명의 제어이다.

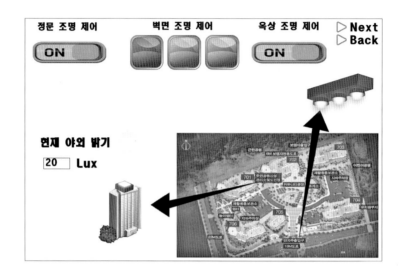

주차장 관리 시스템에 대한 SCADA 화면은 다음과 같다. 화재 감지와 차단봉 제어에 수동으로 조정할 수 있고, 온도(℃), 습도 (%), CO (PPM) 값을 화면에 나타낸다.

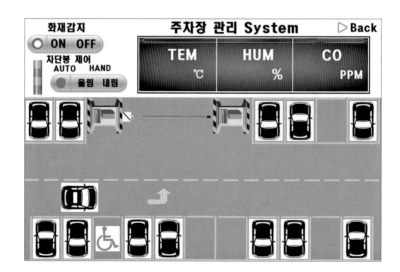

빌딩을 효율적으로 관리하기 위한 SCADA 프로그램을 작성하라. 기본적인 구성을 기반으로 해서 팀별로 또는 개인별로 시스템의 구성을 변경하거나 재구성해서 변경된 스마트 빌딩을 구성해서 SCADA 프로그램을 작성해도 가능하다.

[참고 문헌]

1. 대통령직속 4차 산업혁명위원회 http://4th-ir.go.kr
2. 스마트제조혁신추진단, https://www.smart-factory.kr
3. 대한상공회의소, "스마트공장 구축방안," 2014.
4. 큐빅테크, "4차 산업혁명 기술, 스마트공장," 2018.
5. 이종명, 황우현, "LabVIEW 프로그래밍," D.B.Info, 2016.
6. 지능형로봇팀, "스마트 제조공정 구축," 캡스톤디자인 최종보고서, 2021.
7. 동양미래대학교 로봇자동화공학부 카페, http://cafe.naver.com/dyrobot

[저자 소개]

황우현

현재, 동양미래대학교 로봇자동화공학부 교수
(주)삼성엔지니어링 기술연구소/공정팀
Georgia Institute of Technology 교환교수
서울대학교 대학원 공학박사

개정판

4차 산업혁명 시대 스마트공장 구축을 위한

LabVIEW 및 SCADA 프로그래밍

| 2019년 | 9월 | 5일 | 1판 | 1쇄 | 발 행 |
| 2021년 | 8월 | 30일 | 2판 | 1쇄 | 발 행 |

지 은 이 : 황　우　현
펴 낸 이 : 박　정　태

펴 낸 곳 : **광　문　각**

10881
경기도 파주시 파주출판문화도시 광인사길 161
광문각 B/D 4층
등　　록 : 1991. 5. 31 제12 - 484호
전　화(代) : 031-955-8787
팩　　스 : 031-955-3730
E - mail : kwangmk7@hanmail.net
홈페이지 : www.kwangmoonkag.co.kr

ISBN : 978-89-7093-552-2　　93560

값 : 15,000원

한국과학기술출판협회회원
KSPA